建筑施工特种作业人员安全培训系列教材

施工升降机司机

史峻强　主编

中国建材工业出版社

图书在版编目（CIP）数据

施工升降机司机/史峻强主编．—北京：中国建
材工业出版社，2019.1（2020.5 重印）
建筑施工特种作业人员安全培训系列教材
ISBN 978-7-5160-2410-2

Ⅰ.①施… Ⅱ.①史… Ⅲ.①建筑机械—升降机—安
全培训—教材 Ⅳ.①TH211.08

中国版本图书馆 CIP 数据核字（2018）第 209852 号

内容简介

本书根据《建筑施工特种作业人员管理规定》《建筑施工特
种作业人员安全技术考核大纲（试行）》《建筑施工特种作业人员
安全操作技能考核标准（试行）》等相关规定，介绍了施工升降
机司机必须掌握的安全技术知识和操作技能。本着科学、实用、
适用的原则，内容深入浅出，语言通俗易懂，形式图文并茂，突
出了培训教材的实用性、实践性和可操作性。

本书可供施工升降机职业技能培训用，也可供相关从业人员
参考阅读。

施工升降机司机
史峻强 主编
出版发行：中国建材工业出版社
地　　址：北京市海淀区三里河路 1 号
邮　　编：100044
经　　销：全国各地新华书店
印　　刷：北京雁林吉兆印刷有限公司
开　　本：850mm×1168mm　1/32
印　　张：5
字　　数：125 千字
版　　次：2019 年 1 月第 1 版
印　　次：2020 年 5 月第 2 次
定　　价：**23.00 元**

前　　言

　　建筑起重机械是建筑施工现场的重要组成部分。施工升降机是一种在建筑作业中经常使用的载人载货施工机械,用以输送人员和物料垂直运输的机械。主要用于高层建筑的内外装修、桥梁、烟囱等建筑的施工,主要分布于城市高层和超高层的各类建筑中,还可以作为仓库、码头、船坞、高塔等长期使用的重直运输机械。

　　建筑机械事故多为人的不安全行为(设备安装拆卸和操作人员)、机械的不安全状态(安装拆卸和使用时存在不安全状态)、周边环境的影响和管理的缺陷等因素造成。要抓好建筑机械的安全工作,必须使有关人员充分了解建筑机械的原理和构造、熟知操作规程,完善建筑机械安全管理制度,加大对建筑机械事故前的风险控制,将安装拆卸和操作人员的行为控制在安全状态范围内,使施工现场的建筑机械处于安全使用的状态,最终减少和避免建筑机械事故。

　　本书以《建筑施工特种作业人员管理规定》《建筑施工特种作业人员安全技术考核大纲(试行)》《建筑施工特种作业人员安全操作技能考核标准(试行)》等相关文件为依据,重点以施工升降机司机现场施工操作技能和安全为核心进行编写,在提高施工升降机司机职业操作技能水平,保证工程质量和安全生产方面做了较为全面地介绍。

　　本书结合建筑工程中的实际应用,介绍了施工升降机司机基础理论知识、电工学基础、机械基础知识、施工升降机基础知识、施工升降机安全保护装置及零部件、施工升降机安全使用、施工升降机故障及事故等，还包括新技术、新设备等方面的知识，较好地将施工升降机的常识、有关标准规范和施工实际结合起来，针对性、实用性较强。本书力求做到技术内容最新、最实用，文字通俗易懂，语言生动简洁。同时辅以大量直观的图表，适合不同层次水平、不同年龄的施工升降机司机职业技能培训和实际施工操作应用。本书对施工升降机司机掌握建筑机械有关知识、熟知操作规程和提高自我保护意识方面具有一定的参考价值。

希望本书能为施工升降机司机提高整体素质及操作水平发挥积极作用。

编 者
2018 年 8 月

目　　录

第一章　基础理论知识

第一节　基本力学知识

一、力的概念

力是物体之间相互的机械作用。这种作用使物体的机械运动状态发生变化或使物体的形状发生改变，前者称为力的外效应或运动效应，后者称为力的内效应或变形效应，力不能脱离实际物体而存在。

例如：垂直向上运载重物时，由于力对物体产生的作用，使物体由静止到运动，由低位移到高位，这种作用就是力。

重力：物体受到地球的引力而产生的。重力的方向总是竖直向下，大小和物体质量呈正比。

二、力的三要素

力对物体的作用效果取决于力的三个要素，分别是力的大小、力的方向、力的作用点。

1. 力的大小：表示物体间相互机械作用的强弱程度。单位：牛顿（N）或千牛顿（kN）。

2. 力的方向：表示力的作用线在空间的方位和指向。

3. 力的作用点：表示力的作用位置。

物体的重心是各种物体质量的中心，另外也可以认为物体的全部质量都作用在重心上，形状规则均匀物体的重心就在物体的几何中心。

力的大小、方向、作用点不同，作用的效果也都不同。

力的大小不同：将一个硬弹簧往外拉，如果用的力比较小的话则拉不动。如果用大力拉，则拉得动。说明力的作用效果跟力的大小有关。

力的方向不同：向外用力，弹簧被拉长；向内用力，弹簧被压短；用扳手扭螺钉，向上用力，螺钉被拧松；向下用力，螺钉被拧紧。说明力的作用效果跟力的方向有关。

力的作用点不同：扭螺钉，在扳手上离螺钉越远的位置施力越省力，越近越费力。

如图 1-1 所示，力在物体上的作用点不一样，对物体产生的变化不一样。图（a）的力使物体产生位移，图（b）的力使物体倾覆。说明力的作用效果跟力的作用点有关。

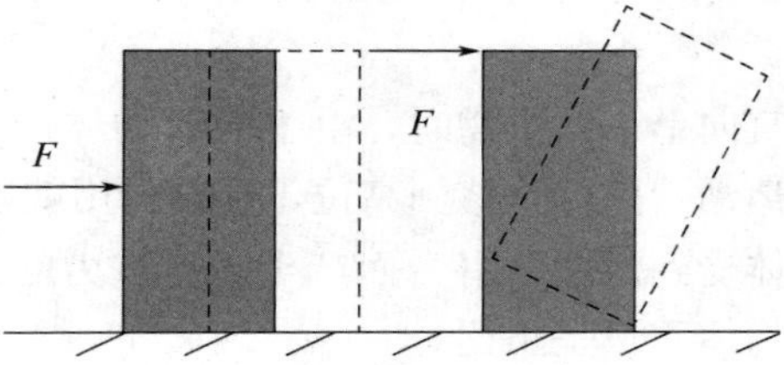

图 1-1　力的作用点

三、力的单位

度量力的大小的单位，在国际单位制中，用牛顿（N）或千牛顿（kN）；目前在工程实际中，仍沿用工程单位制的公斤力（kgf）或吨力（tf）。

1公斤力指的是 1 千克的物体所受的重力大小，1 吨力指的是 1 吨的物体所受的重力大小。

四、外力

指作用于构件，受力物体上的力（一般称为载荷）。

五、内力

当构件在外力作用下发生变形时，构件内部分子之间就伴随着产生一种抵抗力，这种抵抗力就叫内力。

内外力是相对于构件的系统而言的，外力是受到的系统之外的力，内力是受到的系统之内的力。

六、应力

物体由于外因（受力、湿度、温度场变化等）而变形时，在物体内各部分之间产生相互作用的内力，以抵抗这种外因的作用，并试图使物体从变形后的位置恢复到变形前的位置。在所考察的截面某一点单位面积上的内力称为应力。同截面垂直的称为正应力或法向应力，同截面相切的称为剪应力或切应力。

应力就是在一个很小截面上的内力，应力＝内力/界面面积。

第二节 力矩、弯矩和扭矩

单个力对刚体除了产生移动效应外，在一定条件下力对刚体还可以产生转动效应。力使物体转动的效果，不仅和力的大小有关，还和力和转动轴的距离有关。力越大，力和转动轴的距离越大，力使物体转动的作用就越大。从转动轴到力的作用线的距离，叫力臂。力和力臂的乘积叫力对转动轴的力矩。

一、力矩

是指作用力使物体绕着转动轴或支点转动的趋向。力矩的单位是牛顿·米（N·m）。如图 1-2 所示，人用撬棍撬动石头，会感到加在撬棍上的力很大，或者力的作用线离中心越远（手距离支点越远），就越容易撬动石头。

图 1-2　力矩

二、弯矩

是指与横截面垂直的分布内力系的合力矩。弯矩是受力构件截面上的内力矩的一种。如图 1-3 所示。

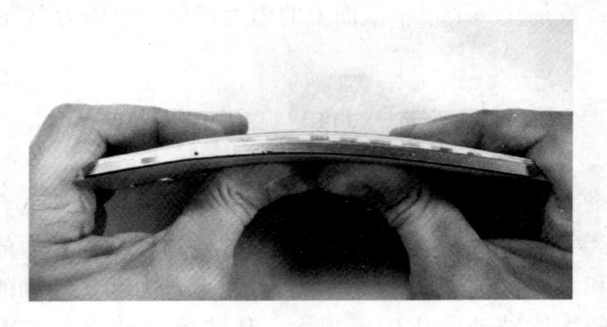

图 1-3　弯矩

三、扭矩

是使物体发生转动的一种特殊的力矩。如图 1-4 所示。

力对轴的矩是力对物体产生绕某一轴转动作用的物理量。

图 1-4 扭矩

需要注意的是力对点的矩，不仅取决于力的大小，同时与矩心的位置有关。矩心的位置不同，力矩随之不同；当力的大小为零或力臂为零时，则力矩为零；力沿其作用线移动时，因为力的大小、方向和力臂均没有改变，所以，力矩不变。相互平衡的两个力对同一点的矩的代数和等于零。

第三节　极限应力和许用应力

一、构件的五种变形

杆件在外力作用下的五种变形是：

拉伸：在作用线与杆轴线重合的外力作用下，杆件将伸长。

压缩：在作用线与杆轴线重合的外力作用下，杆件将缩短。

剪切：在一对相距很近、大小相等、方向相反、作用线垂直于杆轴线的外力（称横向力）作用下，杆件的横截面将沿外力方向发生错动。

弯曲：在位于杆的纵向平面内的力或力偶作用下，杆的轴线由直线弯曲为曲线。

扭转：在位于垂直于杆轴线的两平面内的力偶作用下，杆的任意两横截面将发生相对转动。

工程实际中的杆件，可能同时承受各种外力而发生复杂的变形，但都可以看做是上述基本变形的组合。

二、极限应力和许用应力

1. 极限应力

指材料达到失效报废所受到的作用，包括抗拉强度、屈服强度、抗弯强度和抗剪强度等。

（1）抗拉强度：金属材料在承受拉力时，最大拉应力之前，变形是均匀一致的，但超出之后，金属开始出现缩颈现象并且不能恢复，而后很快被拉断，即产生集中变形；对于没有（或很小）均匀塑性变形的脆性材料，它反映了材料的断裂抗力。

（2）屈服强度：金属材料在承受压力时，屈服极限之前，变形是均匀一致的，但超出之后，将会使材料永久变形，无法恢复。如低碳钢的屈服极限为 207MPa，在大于此极限的外力作用之下，零件将会产生永久变形，小于这个外力，零件还会恢复原来的样子。

（3）抗弯强度：材料对受弯外力的承受能力。

（4）抗剪强度：材料承受剪切力的能力。

2. 许用应力

机械设计或工程结构设计中允许零件或构件承受的最大应力值。要判定零件或构件受载后的工作应力过高或过低，需要预先确定一个衡量的标准，这个标准就是许用应力。凡是零件或构件中的工作应力不超过许用应力时，这个零件或构件在运转中是安全的，否则就是不安全的。

简单地说，许用应力就是材料的极限应力除以安全系数，所得到的力值。

第四节　力的运算

一、力的图示

力可以用一个矢量表示，如图 1-5 所示，矢量的模按一定的比例尺表示力的大小；矢量的方位和指向表示力的方向；矢量的起点（或终点）表示力的作用点。

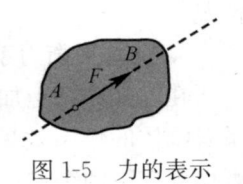

图 1-5　力的表示

二、静力学的基础定律

1. 力的等效

若对于同一物体，有两组不同力系对该物体的作用效果完全相同，则这两组力系称为等效力系。一个力系用其等效力系来代替，称为力系的等效替换。用一个最简单的力系等效替换一个复杂力系，称为力系的简化。若某力系与一个力等效，则此力称为该力系的合力，而该力系的各力称为此力的分力。如图 1-6 所示。

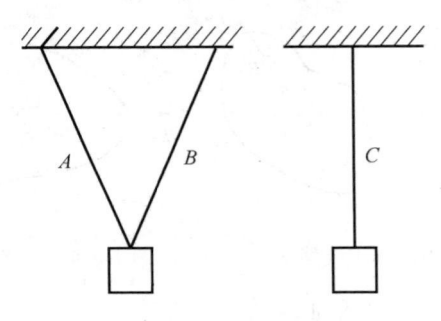

图 1-6　力的等效

2. 二力平衡

作用在同一刚体上的两个力使刚体平衡的必要与充分条件

是：这两个力大小相等、方向相反，
且作用在同一条直线上。如图 1-7
所示的刚体在力 F_1 和 F_2 作用下平
衡，则有 $F_1 = F_2$。

二力平衡只限于刚体受力的
情况。

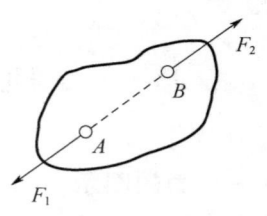

图 1-7　二力平衡

3. 加减平衡力系公理

在已知力系上加上或减去任意的平衡力系，并不会改变原力
系对刚体的作用效果。该公理提供了力系简化的重要理论基础。
可得到以下两个推论：

（1）力的可传性原理，即作用在刚体上的力，可以沿其作用
线移到刚体内任意一点，而不改变该力对刚体的作用效果。如图
1-8 所示，F'' 和 F 的作用效果相同。

（2）三力平衡汇交定理，即当刚体在三个力作用下处于平衡
时，若其中任何两个力的作用线相交于一点，则第三个力的作用
线亦必交于同一点。如图 1-9 所示，三个平衡力 F_1、F_2 和 F_3 汇
交于 O 点。

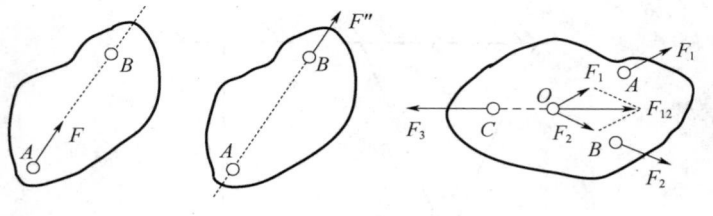

图 1-8　力沿作用线移动　　　图 1-9　三力平衡汇交

4. 作用与反作用公理

作用力和反作用力总是同时存在，两力的大小相等、方向相
反，沿同一直线分别作用在两个相互作用的物体上。

三、力系

力系是指作用在物体上的一群力。若对于同一物体，有两组不同力系对该物体的作用效果完全相同，则这两组力系称为等效力系。一个力系用其等效力系来代替，称为力系的等效替换。用一个最简单的力系等效替换一个复杂力系，称为力系的简化。若某力系与一个力等效，则此力称为该力系的合力，而该力系的各力称为此力的各个分力。

四、力的合成与分解

如果作用于某物体上的两个或几个力对物体所产生的作用，与另一个力单独作用于该物体时所产生的效果完全相同，则这个力就称为这几个力的合力；反之，这几个力也称为这一个力的分力。

1. 力的合成

物体同时受几个力的作用时，若存在一个力的作用效果，与原来几个力的作用效果相同，则这个力叫称为原来几个力的合成。

（1）作用于一点且在同一条直线上的两个力的合成，方向相同时，两力相加，方向相反，两力相减。

（2）作用于一点，互成角度的两个力的合成，用平行四边形法则求合力。如图 1-10 所示。

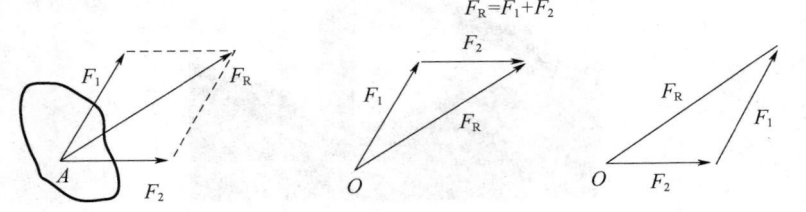

图 1-10 力的合成与分解

（3）作用于一点，互成角度的多个力的合成，用平行四边形法则两两相求。

2. 力的分解

它是力的合成的逆运算，是由合力求分力的方法。

应用平行四边形法则，如图 1-10 所示，作用在物体上同一点的两个力，可以合成为一个合力。合力的作用点也在该点，合力的大小和方向由这两个力为边构成的平行四边形的对角线确定，即合力矢等于两个分力矢的矢量和。

第五节　钢桁架结构基本知识

一、梁

以弯曲为主要变形的构件称之为梁。梁在竖向荷载作用下产生弯曲变形，一侧受拉，而另一侧受压。同时通过截面之间的相互错动传递剪力，最终将作用在其上的竖向荷载传递至两边支座。梁的内力包括了剪力和弯矩。梁式桥就是较常见的一种梁。如图 1-11 所示。

图 1-11　梁式桥

二、桁架

一种由杆件彼此在两端用铰链连接而成的结构。如图 1-12 所示。

桁架是由直杆组成的一般具有三角形单元的平面或空间结构，桁架杆件主要承受轴向拉力或压力，从而能充分利用材料的强度，在跨度较大时可比实腹梁节省材料，减轻自重和增大刚度。

图 1-12　桁架

桁架的优点是杆件主要承受拉力或压力，可以充分发挥材料的作用，节约材料，减轻结构质量。

三、桁架的受力分析

桁架结构是梁式构件，它是由多根小截面杆件组成的"空腹式的大梁"，是静定结构。由于其截面可以很高，就具备了大的抗弯能力，而挠度小，这就能适合比实腹梁更大的跨度，而且具有节省材料、自重小、轻便等优点。

如图 1-13 所示，桁架结构是由直杆在端部相互连接而成的以抗弯为主的格构式结构。

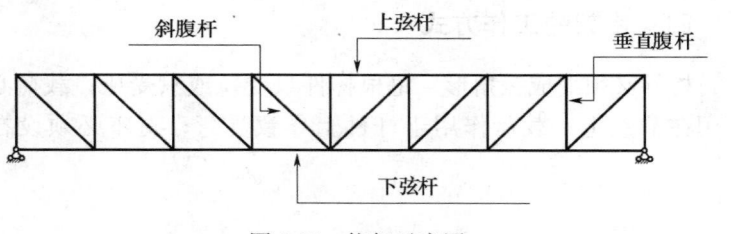

图 1-13　桁架示意图

　　桁架一般由上弦杆、下弦杆和腹杆组成。桁架受力合理，计算简单，施工方便，适应性强，对支座基本不产生横向推力，因此应用广泛。

　　基本受力分析见图 1-14。

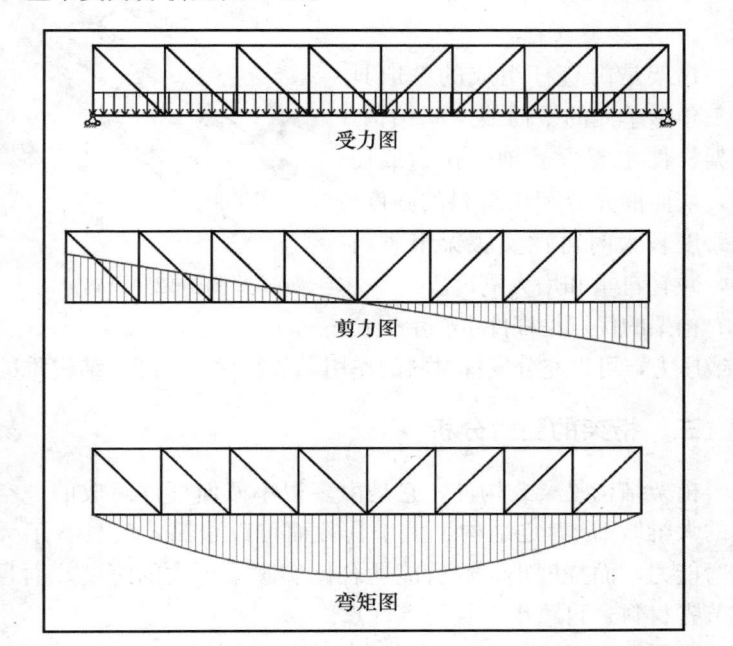

受力图

剪力图

弯矩图

图 1-14　桁架受力分析

四、桁架的工作方式

　　构件必须形成三角形；每根杆件只受拉或只受压；载荷必须作用在节点上；载荷作用于杆件上导致受弯；支座必须设在节点上。

第二章　电工学基础

第一节　基本概念

一、电路

电流所流过的路径叫做电路。电路一般由电源、用电器、导线和控制设备四个基本部分组成。如图 2-1 所示。

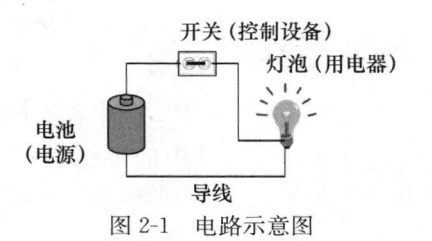

图 2-1　电路示意图

二、电流

在电路中，电荷有规则的运动称为概念上的电流；单位时间里通过导体任一横截面的电量称电流强度，简称电流。

电流的本质是导体材料中的自由电子在电源产生的电场作用下做定向运动。所以电流不但有方向，而且有大小。大小和方向不随时间变化的电流，称为直流电，用字母"DC"或"—"表示；大小和方向随时间变化的电流，称为交流电，用字母"AC"或"～"表示。

三、电子

原子是一种能保持其化学性质的最小单位，是化学变化中的最小微粒。一个原子包含有一个致密的原子核及若干围绕在原子核周围带电的电子。原子示意图如图 2-2 所示。电子的定向运动形成电流，如金属导线中的电流。

图 2-2　原子示意图

四、电场

是带电物质周围空间里存在的一种特殊物质。电场与磁场相仿，电场对放入其中的带电物质（电路中一般指电子）有作用力，磁场对放入其中的磁体（如钢铁）有作用力。

五、直流电

电流的方向不随时间变化而改变的电流，如 5 号干电池工作时提供的电流。

六、交流电

电流的瞬时大小和方向是随时间变化而改变的电流，如家用 220V 电流，工业用 380V 电流。

七、电压

河水之所以能流动，是因为有水位差，电子之所以能流动，是因为有电位差，有了电位差，电流才能从电路中的高电位点流向低电位点。电位差也就是电压。如图 2-1 中，电池即为电压的提供源。

八、电阻

电子在导体内移动时，导体阻碍电子移动的能力叫做电阻。如图 2-1 中，灯泡即为电路中主要电阻。

九、零电位

在距电荷无穷远处，被看做是电位值为零，称为零电位，即不带电的值。但在实际中，由于电位的绝对值远不如电位的相对值有价值，所以在实际高压电路中零电位一般指大地的电位。

十、断路（开路）

当开关断开时，电流中断不能流通。

十一、短路

电源两端由于某种原因通过了电阻几乎为零的电路时，称电源被短路。短路时，电流会很大，同时会产生高热，从而使电源、电器、仪表等设备损坏，甚至引发火灾。

十二、电功

如果一个力作用在物体上，物体在这个力的方向上移动了一段距离，力学里就说这个力做了功。电流所做的功是指电能可以转化成多种其他形式的能量，电能转化成多种其他形式能的过程也可以说是电流做功的过程，有多少电能发生了转化就说电流做了多少功。

十三、电功率

为了表示做功的快慢，指物体在单位时间内做功的多少，就是功率。电功率是指用来表示消耗电能快慢的物理量，单位时间内，电路中产生或损耗的电能称为电功率。

第二节 三相异步电动机

一、三相异步电动机基本知识

1. 三相异步电动机的结构

三相异步电动机由固定的定子和旋转的转子两个基本部分组成。转子装在定子内腔里，借助轴承被支撑在两个端盖上；定子由定子三相绕组、定子铁芯和机座组成。定子铁芯是异步电动机磁路的一部分，采用高导磁硅钢片叠成。机座又称机壳，它的主要作用是支撑定子铁芯，同时也承受整个电动机负载运行时产生的反作用力，运行时由于内部损耗所产生的热量也是通过机座向外散发。中、小型电动机的机座一般采用铸铁制成。大型电动机因机身较大浇注不便，常用钢板焊接成型。转子由转子铁芯、转子绕组及转轴组成。转子铁芯也是电动机磁路的一部分，也是用硅钢片叠成。与定子铁芯冲片不同的是，转子铁芯冲片是在冲片的外圆上开槽，叠装后的转子铁芯外圆柱面上均匀地形成许多形状相同的槽，用以放置转子绕组。为了保证转子能在定子内自由转动，定子和转子之间必须有一间隙，称为气隙。图 2-3 所示为三相笼型异步电动机的组成部件。

2. 三相异步电动机基本原理

三相异步电动机是感应电动机的一种，是靠同时接入 380V 三相交流电流（相位差 120 度）供电的一类电动机，由于三相异步电动机的转子与定子旋转磁场以相同的方向、不同的转速旋转，存在转差率，所以叫三相异步电动机。三相异步电动机转子的转速低于旋转磁场的转速，转子绕组因与磁场间存在着相对运动而产生电动势和电流，并与磁场相互作用产生电磁转矩，实现

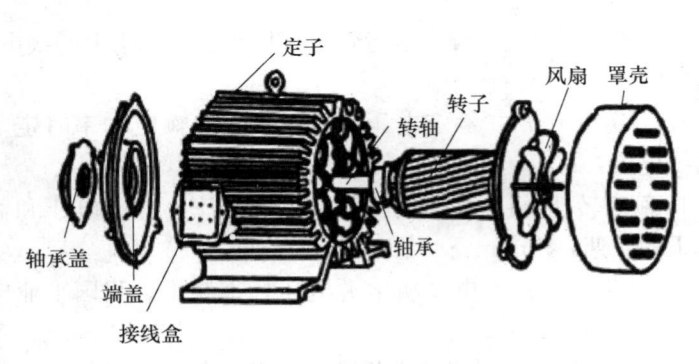

定子

转子

转轴

风扇 罩壳

轴承盖

端盖

接线盒

轴承

图 2-3 三相笼型异步电动机

能量变换。

二、三相异步电动机的工作原理

当向三相定子绕组中通入对称的三相交流电时，就产生了一个以同步转速 n_1 沿定子和转子内圆空间做顺时针方向旋转的旋转磁场。由于旋转磁场以 n_1 转速旋转，转子导体开始时是静止的，故转子导体将切割定子旋转磁场而产生感应电动势。由于转子导体两端被短路环短接，在感应电动势的作用下，转子导体中将产生与感应电动势方向基本一致的感生电流。转子的载流导体在定子磁场中受到电磁力的作用。电磁力对转子轴产生电磁转矩，驱动转子沿着旋转磁场方向旋转。

通过上述分析可以总结出电动机工作原理为：当电动机的三相定子绕组（各相差 120 度角度），通入三相对称交流电后，将产生一个旋转磁场，该旋转磁场切割转子绕组，从而在转子绕组中产生感应电流（转子绕组是闭合通路），载流的转子导体在定子旋转磁场作用下将产生电磁力，从而在电机转轴上形成电磁转矩，驱动电动机旋转，并且电机旋转方向与旋转磁场方向相同。

三、三相异步电动机的主要参数

1. 额定功率 P_N：额定运行状态下的输出机械功率，kW。

2. 额定电压 U_N：额定运行状态下加在定子绕组上的线电压，V 或 kV。

3. 额定电流 I_N：额定电压下电动机输出额定功率时定子绕组的线电流，A。

4. 额定转速 n_N：电动机在额定输出功率、额定电压和额定频率下的转速，r/min。

5. 额定频率 f_N：电动机电源电压标准频率。我国工业电网标准频率为 50Hz。

此外，绕线转子异步电动机还标有转子额定电势和转子额定电流。前者系指定子绕组加额定电压、转子绕组开路时两集电环之间的电势；后者系指定子电流为额定值时转子绕组的线电流。

四、三相异步电动机的运行与维护

1. 电动机启动前检查

（1）电动机上和附近有无杂物和人员；

（2）电动机所拖动的机械设备是否完好；

（3）大型电动机轴承和启动装置中油位是否正常；

（4）绕线式电动机的电刷与滑环接触是否紧密；

（5）转动电动机转子或其所拖动的机械设备，检查电动机和拖动的设备转动是否正常。

2. 电动机运行中的监视与维护

（1）电动机的温升及发热情况；

（2）电动机的运行负荷电流值；

（3）电源电压的变化；

（4）三相电压和三相电流的不平衡度；

（5）电动机的振动情况；

（6）电动机运行的声音和气味；

（7）电动机的周围环境、适用条件；

（8）电刷是否冒火或其他异常现象。

第三节 低压电器

国际上公认的高、低压电器的分界线交流是 1kV（直流则为 1500V）。交流 1kV 以上为高压电器，1kV 及以下为低压电器。故低压电器通常指在 380/220V 电网中承担通断控制的设备。

一、主令电器

主令电器是用作闭合或断开控制电路，以发出指令或作程序控制的开关电器，是一种用于辅助电路的控制电器。主令电器应用广泛、种类繁多，按其作用可分为按钮、行程开关、接近开关和万能转换开关等。

1. 按钮

按钮是一种最常用的主令电器，其结构简单，应用广泛。在低压控制电路中，用于发布手动指令。

按钮从功能上可分为常开式和常闭式。从外形和操作方式可分为平钮和急停按钮，除此之外还有钥匙钮、旋钮、拉式钮、万向操纵杆式、带灯式等多种类型。如图 2-4 所示。

图 2-4 按钮

从按钮的触点动作方式可以分为直动式和微动式两种。直动式按钮，其触点动作速度与手按下的速度有关。而微动式按钮的触点动作变换速度快，和手按下的速度无关。动触点由变形簧片组成，当变形簧片受压向下运动低于变形簧片时，变形簧片迅速变形，将平形簧片触点弹向上方，实现触点瞬间动作。

小型微动式按钮也叫微动开关，微动开关还可以用于各种继电器和限位开关中，如时间继电器、压力继电器和限位开关等。

按钮一般为复位式，也有自锁式按钮，最常用的按钮为复位式平按钮，其按钮与外壳平齐，可防止异物误碰。

表 2-1 为按钮颜色的含义。

表 2-1　按钮颜色的含义

颜色	含义	举例
红	处理事故	紧急停机
	"停止""断电"	正常停机； 装置局部停机； 带有"停止""断电"功能的复位
绿	"启动"或"通电"	正常启动； 装置的局部启动； 点动或缓行
黄	参与	防止意外情况； 参与抑制反常的状态； 避免不需要的变化； 取消预置功能
蓝	上述颜色未包含的 任何指定意义	凡红、黄和绿色未包含的用意 皆可用蓝色
黑、白、灰	无指定意义	除单功能的"停止""断电" 按钮外的任何功能

2. 行程开关

是一种利用机械的某些运动部件的碰撞发出控制指令的主令

电器，用于控制机械的运动方向、速度、行程大小或位置保护等，是一种自动控制电器。如图 2-5 所示。还有一种无触点行程开关，又称为接近开关，是一种与运动部件无机械接触而能操作的行程开关。它具有动作安全可靠，性能稳定，频率响应快，使用寿命长，抗干扰能力强，并具有防水、防震、耐腐蚀等特点。如图 2-6 所示。

图 2-5　行程开关

图 2-6　接近开关（无触点行程开关）

行程开关工作原理：当机械的运动部件撞击触杆时，触杆下移使常闭式触点断开，常开式触点闭合；当运动部件离开后，在复位弹簧的作用下，触杆回复到原位置，各触点恢复常态。

接近开关工作原理：当有金属物体接近一个以一定频率稳定

振荡的高频振荡器的感应头时，由于电磁感应，该物体内部产生涡流损耗，以致振荡回路等效电阻增大，能量损耗增加，使振荡减弱直至终止，检测电路根据振荡器的工作状态控制输出电路的工作输出信号去控制继电器或其他电器，以达到控制目的。

3. 万能转换开关

万能转换开关是一种多挡位、控制多回路的组合开关，用于控制电路发布控制指令或用于远距离控制。也可作为电压表、电流表的换项开关，或作为小容量电动机的启动、调速和换向控制，如图 2-7 所示。

图 2-7　万能转换开关

万能转换开关工作原理：万能转换开关的操作过程是用手柄带动转轴和凸轮推动触头接通或断开。由于凸轮的形状不同，当手柄处在不同位置时，触头的吻合情况不同，从而达到转换电路的目的。

4. 主令控制器

主令控制器是按照预定程序转换控制电路的一种主令电器，用它在控制系统中发布命令，通过接触器/继电器来实现对电动机的启动、制动、调速和反转控制，如图 2-8 所示。

图 2-8　主令控制器

二、其他低压电器

1. 低压断路器

低压断路器俗称空气开关或自动开关，用于低压配电电路中不频繁地通断控制，在电路发生短路、过载或欠压等故障时，能自动分断故障电路，除起控制作用外，还具有一定的保护功能，如图 2-9 所示。

图 2-9　低压断路器

断路器主要由三个基本部分组成，即触头、灭电弧系统和各种脱扣器，包括过电流脱扣器、失压电压脱扣器、热脱扣器、分场脱扣器和自由脱扣器。

断路器开关是靠操作机构手动或电动合闸的，触头闭合后，自由脱扣机构将触头锁在合闸位置上。当电路发生故障时，通过各自的脱扣器使自由脱扣机构动作，自动跳闸以实现保护作用。分场脱扣器则作为远距离控制分断电路之用。

过电流脱扣器用于线路的短路和过电流保护，当线路的电流大于整定的电流值时，过电流脱扣器所产生的电磁力使挂钩脱扣，动触点在弹簧的拉力下迅速断开，断路器跳闸。

热脱扣器用于线路的过载保护，工作原理和热继电器相同。

失压（欠电压）脱扣器用于失压保护，失压脱扣器的线圈并联在进线端线路上，处于吸合状态时，断路器可以正常合闸；当停电或电压很低时，失压脱扣器的吸力小于弹簧的反力，弹簧使动铁芯向上使挂钩脱开，断路器跳闸。

分场脱扣器用于远距离控制分断电路之用，当在远方按下按钮时，分场脱扣器的电产生电磁力，使其脱扣跳闸。

不同断路器的保护是不同的，使用时应根据需要选用。

2. 有线馈电装置

馈电装置是负责向用电设备提供电源、控制、信息的装置。馈电装置的种类很多，分为有线馈电方式和无线馈电方式两大类，目前起重机中最常用的是有线馈电方式。有线馈电方式又分为滑触式和非滑触式两种。

（1）非滑触式馈电装置：主要采用电缆供电，不过因电缆长度限制，移动距离有限制要求，如图2-10所示。

图 2-10　非滑触式馈电装置

（2）滑触式馈电装置：通过集电器与金属导体滑动接触，将导体上的电能输送给受电设备，如图2-11所示。

图 2-11　滑触式馈电装置

3. 遥控装置

是一种远程控制机械的装置，包含有线遥控和无线遥控装置两种。

（1）有线遥控装置又称为悬挂式按钮盒，如图 2-12 所示，俗称"手电门"，外壳多为工程塑料制成，具有 1 速或 2 速上升和下降及向左和向右移动和启动、停止、急停功能，适用于小型慢速起重机（大车运行速度小于 40m/min）的地面操纵。

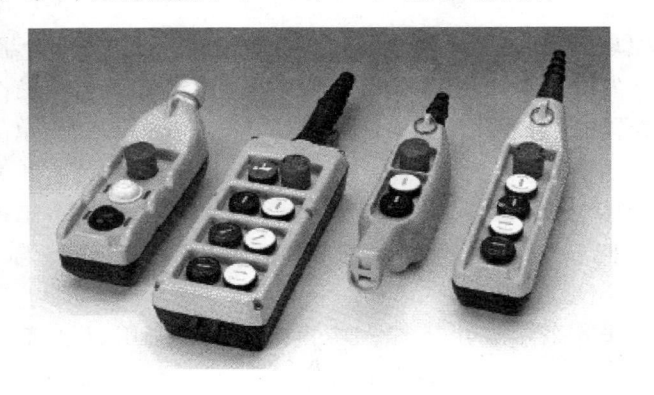

图 2-12　悬挂式按钮盒

需要注意的是，悬挂式按钮盒的急停开关也应是红色非自动复位的按钮，而很多按钮盒上只提供红色停止按钮（自动复位）。

（2）起重机无线遥控装置，如图 2-13 所示，具有可靠性高、能提高工作效率和作业准确性等优点，特别适合在高温、有毒和危险环境工作下的起重机，使操作人员能远程控制，有效保护人生安全。

图 2-13　起重机无线遥控装置

无线遥控器主要由发射器、接收器和执行机构 3 部分组成。

① 发射器为便携式，具有体积小、质量轻、便于操作的特性。操作方式分按钮型和摇杆型 2 种。按钮型适用于简单的小型起重机，操作指令为 8～21 个。摇杆型控制器适用于各类起重机，操作指令为 12～52 个。发射器是由可充电电池组来提供电源的。外壳一般用强化塑料制成，耐冲击、防水、防尘、抗油污、体积小、质量轻。

② 接收器主要由天线、高频接收部件、用以处理信号的CPU、安全回路、输出继电器板等部分组成。接收器收到操作指令后，通过放大、解调、译码及鉴别产生控制信号，输出给执行机构，控制起重机相应机构运行。

③执行机构由继电器、接触器组成，控制起重机相应机构运行。

我国机械行业标准《起重机械无线遥控装置》（JB/T 8437）对无线电遥控装置的具体要求进行了明确规定。

①无线遥控装置应具有抗同频干扰信号的能力，受同频干扰时不允许出现误操作；

②遥控装置发射机上应有红色标记的紧急断电开关，按下紧急断电开关后起重机上所有机构都不能运行且紧急断电开关不能自动复位；

③起重机上应设置明显的遥控工作指示灯，在遥控装置工作时，遥控工作指示灯能正确显示；

④当有两种操纵方式（遥控和司机室）时，遥控和司机室操纵状态应设有互锁保护；当处于一种操纵方式时（遥控/司机室），操纵对应的另一种操纵方式（司机室/遥控）应不能起作用；

⑤无线遥控装置当检测不到高频载波或收不到数据信号时，应实现被动急停功能，在 1.5s 内切断通道电源，停止起重机各机构运动。

4. 起重机通用变频器

通用变频器：变频器是应用变频技术与微电子技术，通过改变电机工作电源频率方式来控制交流电动机的电力控制设备，其外形见图 2-14。变频器主要由整流器（交流变直流）、滤波、逆变器（直流变交流）、制动单元、驱动单元、检测单元、微处理单元等组成。变频器靠内部 IGBT 的快速通断来调整输出电源的电压和频率，根据电机的实际需要来提供其所需要的电源电压，进而达到节能、调速的目的。

起重机专用变频器的特点：通用变频器一般采用电压—频率（V/F）协调控制。但对于常规的 V/F 控制，电机的电压降随着

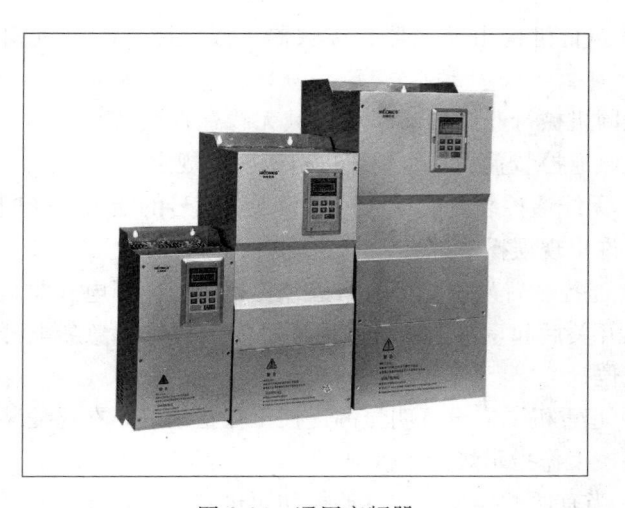

图 2-14　通用变频器

电机速度的降低而相对增加，这就导致励磁不足，而使电机不能获得足够的旋转力。为了补偿这个不足，变频器需要通过提高电压来补偿电机速度降低而引起的电压降。变频器的这个功能叫做"转矩提升"。"转矩提升"功能是提高变频器的输出电压。然而即使提高很多输出电压，电动机转矩并不能和其电流相对应地提高。在低频时转矩常低于额定转矩，在 5Hz 以下不能带满负载工作。而在起重机使用过程中，特别是起升机构，在低速时对转矩却又有严格要求，否则会出现重物下滑、溜钩等情况，影响正常的生产作业，严重时会导致事故发生。因此起重机专用变频器通常采用"矢量控制"方式，矢量控制是将交流电动机的定子电流分解成磁场分量电流和转矩分量电流并分别加以控制的方式。矢量控制可以通过对电机端电压降的响应，进行优化补偿，在不增加电流的情况下，允许电机产出大的转矩。此功能对起升机构溜钩及低速性能有明显改善，对改善电机低速时温升也有效。新的"直接转矩控制"技术能把转矩作为控制量，直接控制转矩，是在矢量控制变频调速技术之后的一种新型的交流变频调速技术。可以实现零速时大转矩输出，进一步提高了变频器低速性能。

相比于通用变频器，起重机专用变频器还具有以下特点：较强的过载能力；稳定精确的抱闸控制；可以在高温等恶劣的环境中工作。

起重机中使用变频器的节能主要体现在三个方面：

（1）调速方式。相比于常见的转子串电阻调速方式，变频器能通过直接改变电源的频率来改变转速，而不需要将电能浪费在外接的电阻上，电能利用率高。

（2）降低结构自重。用变频器驱动的电机启动加速平稳，可以降低起重机各个机构工作时的冲击，有利于起重机结构的优化设计，降低结构自重。对运行电动机来说，自重的减少则可以降低电动机的功率。

（3）能量回馈。电动机在运行减速制动或重物下降中有可能处于发电状态，此时变频器可以通过自身或者是外接能量回馈装置将电能反馈回电网。但是如果变频器自身逆变装置或者是能量回馈装置本身存在质量问题，回馈电网的电能往往带有高频谐波分量，反而会"污染"电网。因此近些年起重行业更多采用的是共直流母线系统。

简单来说，共直流母线系统就是将几台变频器合并，通过直流母线相连。合并后可能是由共用 1 个整流装置和各逆变器组成，也可是多个变频器直流母线连接后共用 1 个制动单元等多种形式。采用共直流母线系统的好处是当有 1 个或多个逆变器处于制动发电状态时，制动能返回直流母线后，能被其他处于电动状态的逆变器所利用，从而节约能量，也不会影响电网质量。

5. 可编程控制器（PLC）

可编程控制器是一种专门为在工业环境下应用而设计的数字运算操作电子系统。它采用一种可编程的存储器，在其内部存储执行逻辑运算、顺序控制、定时、计数和算术运算等操作指令，通过数字式或模拟式的输入输出来控制各种类型的机械设备或生产过程，如图2-15所示。

图 2-15　PLC 外形

PLC 的特点：

（1）可靠性高，抗干扰能力强。PLC 由于采用现代大规模集成电路技术，开关动作是由无触点的半导体电路来完成，加上采用严格的生产工艺制造，内部电路采取了先进的抗干扰技术，具有很高的可靠性。使用 PLC 构成控制系统，和同等规模的继电接触器系统相比，电气接线及开关接点已减少到数百甚至数千分之一，故障也就大大降低。此外，PLC 带有硬件故障自我检测功能，出现故障时可及时发出警报信息。在应用软件中，应用者还可以编入外围器件的故障自诊断程序，使系统中除 PLC 以外的电路及设备也获得故障自诊断保护。这样，整个系统具有极高的可靠性也就不奇怪了。

（2）应用灵活，适用性强。PLC 发展到今天，已经形成了大、中、小各种规模的系列化产品，以用于各种规模的工业控制场合。除了逻辑处理功能以外，现代 PLC 大多具有完善的数据运算能力，可用于各种数字控制领域。加上 PLC 通信能力的增强及人机界面技术的发展，使用 PLC 组成各种控制系统变得非常容易，用户可以根据自己的需求灵活选择，以满足各种控制要求。

（3）易学易用，编程方便。PLC 作为通用工业控制计算机，是面向工矿企业的工控设备。其采用的梯形图语言的图形符号与表达方式和继电器电路图相当接近，只用 PLC 的少量逻辑控制指令就可以方便地实现继电器电路的功能，深受工程技术人员欢迎。

（4）功能强，扩展性好。现代 PLC 具有数字和模拟量输入输出、逻辑和算术运算、定时、计数、顺序控制、功率驱动、通信、人机对话、自检、记录和显示功能，使设备水平大大提高。同时具有各种扩充单元，可以方便地适应不同工业控制需要的不同输入输出点及不同输入输出方式的系统。

（5）系统开发周期短，维护方便，容易改造。PLC 用存储逻辑代替接线逻辑，大大减少了控制设备外部的接线，使控制系统设计及建造的周期大为缩短，同时维护也变得容易起来。另外 PLC 有完善的自我诊断及监控功能，便于工作人员查找故障原因。更重要的是使相同设备经过改变程序改变生产过程成为可能，很适合多品种、小批量的生产场合。

（6）体积小、质量轻、能耗低。由于 PLC 采用了半导体集成电路，体积小、质量轻、结构紧凑、功耗低，并由于具备很强的抗干扰能力，使之容易装入机械内部，是实现机电一体化的理想控制设备。继电接触器控制使用机械开关、继电器和接触器，价格比较低。而 PLC 使用中大规模集成电路，价格比较高。但如果考虑日后的系统功能变更或升级，PLC 具有较高的性价比。

从以上几个方面的比较可知，PLC 在性能上比继电接触器控制优异，特别是可靠性高，设计施工周期短，调试方便，而且体积小，功耗低，使用维护方便，但价格高于继电接触器控制系统。从整个系统的性能价格比而言，PLC 具有很大的优势。

PLC 的基本组成：图 2-16 是 PLC 硬件基本组成框图，由图可以看出 PLC 主机由 CPU 模块、输入/输出单元模块、电源模块、存储器及接口单元组成。而整个 PLC 系统则是有 PLC 主机、I/O 扩展模块和各种外部设备，通过各自接口联成一体。

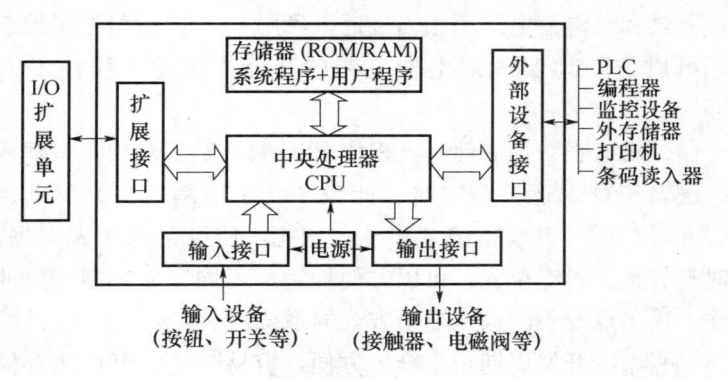

图 2-16　PLC 硬件基本组成框图

① CPU 模块：和微型计算机样，CPU 模块也是 PLC 的核心，它不断地采集输入信号，执行用户程序，刷新系统的存储器用来储存程序和数据等。

② 输入输出单元模块：输入/输出单元通常也称 I/O 单元或 I/O 模块，是 PLC 与工业生产现场之间的连接部件。PLC 通过输入接口可以检测被控对象的各种数据，以这些数据作为 PLC 对被控制对象进行控制的依据；同时 PLC 又通过输出接口将处理结果送给被控制对象，以实现控制目的。

③ 电源模块：PLC 对供电电源要求不高，一般允许电源电压在其额定值±15%的范围内波动。其内部配有开关电源，以供内部电路使用。许多 PLC 还向外提供直流 24V 稳压电源，用于为外部传感器供电。

④ 存储器：存储器主要有两种：一种是可读/写操作的随机存储器 RAM，另一种是只读存储器 ROM、PROM、EPROM、

EEPROM 和 FLASHROM。在 PLC 中，存储器主要用于存放系统程序、用户程序及工作数据。

PLC 的基本工作原理：PLC 采用循环顺序扫描的工作方式。

其工作过程的特点是：

① 每次扫描过程。集中对输入信号进行采样，集中对输出信号进行刷新。

② 输入刷新过程。当输入端口关闭，程序在进行执行阶段时，输入端有新状态，新状态不能被读入。只有程序进行下一次扫描时，新状态才被读入。

③ 一个扫描周期分为输入采样、程序执行、输出刷新。

④ 元件映像寄存器的内容是随着程序的执行变化而变化的。

⑤ 扫描周期的长短由 CPU 执行指令的速度、指令本身占有的时间和指令条数 3 条决定。

⑥ 由于采用集中采样、集中输出的方式，存在输入/输出滞后的现象，即输入/输出响应延迟。PLC 采用的这种周期循环扫描，集中输入与输出的工作方式可以提高可靠性，增强抗干扰能力。但也存在速度较慢、响应滞后的特点。可以说，PLC 是用降低速度来保障高可靠性。

PLC 的特殊要求：尽管 PLC 具有可靠性高、抗干扰能力强的特点，但是毕竟是将硬件电路转化为了软件程序。如果执行中程序出现异常，则会导致意外发生，尤其是某些涉及安全的功能。因此起重机相关标准《机械安全机械电气设备第 32 部分：起重机械技术条件》（GB 5226.2—2002）对此作出了规定，要求起重机的急停功能以及安全保护的联锁信号（如极限限位、超速等）应由硬件线路实现，而不依赖 PLC。当然，这些关键控制点可以采用软硬件的双重互锁设计，进一步提高系统的整体可靠性。

第四节　电气保护

由于目前各标准和安全技术规范对起重机械电气保护的规定不尽相同，因此本节主要对《起重机械安全规程第 1 部分：总则》（GB 6067.1—2010）进行介绍，同时对《机械安全机械电气设备第 32 部分：起重机械技术条件》（GB 5226.2—2002）、《起重机设计规范》（GB/T 3811—2008）进行简要讲解。

一、电动机的保护

《起重机械安全规程第 1 部分：总则》（GB 6067.1—2010）8.1 电动机的保护：

电动机应具有如下一种或几种以上的保护功能，具体选用应按电动机及其控制方式确定：

（1）瞬动或反时限动作的过电流保护，其瞬时动作电流整定值应约为电动机最大启动电流的 1.25 倍；

（2）在电动机内设置热传感元件；

（3）热过载保护。

《机械安全机械电气设备第 32 部分：起重机械技术条件》（GB 5226.2—2002）7.3 电动机的过载保护是这样规定的：

额定功率超过 2kW 的电动机应配备电动机过载保护，额定功率低于 2kW 的电动机则推荐配备电动机过载保护。在不能自动切断电动机运行的场合（如消防泵），应由过载检测装置为操作人员发出一个能令其作出反应的警告信号。对于不会过载的电动机（如力矩电动机、受机械过载保护器件保护或受运动尺度限定的运动驱动装置），可省去过载保护器件。电动机的过载保护可用过载保护器、温度传感器或电流限制装置等器件来实现。

二、线路保护

《起重机械安全规程第 1 部分：总则》（GB 6067.1—2010）8.2
线路保护：

所有线路都应具有短路或接地引起的过电流保护功能，在线
路发生短路或接地时，瞬时保护装置应能分断线路。对于导线截
面较小、外部线路较长的控制线路或辅助线路，当预计接地电流
达不到瞬时脱扣电流值时，应增设热脱扣功能，以保证导线不会
因接地而引起绝缘烧损。

1. 错相和缺相保护

《起重机械安全规程 第 1 部分：总则》（GB 6067.1—2010）8.3
错相和缺相保护：

当错相和缺相会引起危险时，应设错相和缺相保护。

《机械安全机械电气设备第 32 部分：起重机械技术条件》
（GB 5226.2—2002）7.8 相序的保护：如果电源电压的相序错误
会引起危险情况或损坏起重机械，则应提供相序保护。

2. 零位保护

《起重机械安全规程第 1 部分：总则》（GB 6067.1—2010）8.4
零位保护：

起重机各传动机构应设有零位保护。运行中若因故障或失压
停止运行后，重新恢复供电时，机构不得自行动作，应人为将控
制器置回零位后，机构才能重新启动。

3. 失压保护

《起重机械安全规程 第 1 部分：总则》（GB 6067.1—2010）8.5
失压保护：

当起重机供电电源中断后，凡涉及安全或不宜自动开启的用
电设备均应处于断电状态，避免恢复供电后用电设备自动运行。

《机械安全机械电气设备 第 32 部分：起重机械技术条件》

（GB 5226.2—2002）7.5 对电源中断或电压下降随后复原的保护：

电源中断或电压下降会引起危险情况时，例如损坏起重机械或载荷，则应在预定的电压值下提供欠压保护（如断开起重机械电源）。对于手动控制的起重机械，可不用欠压保护。

若起重机械的运行允许电压短时中断或下降，则可配置带延时的欠压保护器件。欠压保护器件的工作不应妨碍起重机械的任何停车控制的操作。

4. 电动机定子异常失电保护

《起重机械安全规程 第 1 部分：总则》（GB 6067.1—2010）8.6 电动机定子异常失电保护：

起升机构电动机应设置定子异常失电保护功能，当调速装置或正反向接触器故障导致电动机失控时，制动器应立即上闸。

《起重机设计规范》（GB/T 3811—2008）7.4.6 电动机定子异常失电保护：

起重机构电动机应设置定子异常失电保护功能，当调速装置或正反向接触器故障导致电动机失控时，制动器应立即上闸。

5. 超速保护

《起重机械安全规程第 1 部分：总则》（GB 6067.1—2010）8.7 超速保护：

对于重要的、负载超速会引起危险的起升机构和非平衡式变幅机构应设置超速开关。超速开关的整定值取决于控制系统性能和额定下降速度，通常为额定速度的 1.25～1.4 倍。

6. 接地与防雷

《起重机械安全规程第 1 部分：总则》（GB 6067.1—2010）8.8 接地与防雷：

8.8.1 交流供电起重机电源应采用三相（3Φ＋PE）供电方式。设计者应根据不同电网采用不同型式的接地故障保护，并由用户负责实施。接地故障保护应符合《低压配电设计规范》（GB

50054—2011）的有关规定。

8.8.2 起重机械本体的金属结构应与供电线路的保护导线可靠连接。起重机械的钢轨可连接到保护接地电路上。但是，它们不能取代从电源到起重机械的保护导线（如电缆、集电导线或滑触线）。司机室与起重机本体接地点之间应用双保护导线连接。

8.8.3 起重机械所有电气设备外壳、金属导线管、金属支架及金属线槽均应根据配电网情况进行可靠接地（保护接地或保护接零）。

8.8.4 严禁用起重机械金属结构和接地线作为载流零线（电气系统电压为安全电压除外）。

8.8.5 在每个引入电源点，外部保护导线端子应使用字母 PE 来标明。其他位置的保护导线端子应使用图示符号"三"或用字母 PE，或用黄/绿双色组合标记。

8.8.6 保护导线只用颜色标识时，应在导线全长上使用黄/绿双色组合。如果保护导线能容易地按其形状、位置或结构（如编织导线）识别，或者绝缘导线难以购到，则不必在导线全长上使用颜色代码。但应在端头或易接近部位上清楚地标明图示符号"三"或黄/绿双色组合标记。

8.8.7 对于安装在野外且相对周围地面处在较高位置的起重机，应考虑避除雷击对其高位部件和人员造成损坏和伤害，特别是如下情况：

易遭雷击的结构件（例如：臂架的支承缆索）；

连接大部件之间的滚动轴承和车轮（例如：支承回转大轴承、运行车轮轴承）；

为保证人身安全起重机运行轨道应可靠接地。

8.8.8 对于保护接零系统，起重机械的重复接地或防雷接地的接地电阻不大于 10Ω。对于保护接地系统的接地电阻不大于 4Ω。

7. 绝缘电阻

《起重机械安全规程 第1部分：总则》（GB 6067.1—2010）8.9 绝缘电阻：

对于电网电压不大于 1000V 时，在电路与裸露导电部件之间施加 500V 时测得的绝缘电阻不应小于 1MΩ。

对于不能承受所规定的测试电压的元件（如半导体元件、电容器等），试验时应将其短接。试验后，被试电器进行外观检查，应无影响继续使用的变化。

8. 照明与信号

《起重机械安全规程 第1部分：总则》（GB 6067.1—2010）8.10 照明与信号：

8.10.1 每台起重机的照明回路的进线侧应从起重机械电源侧单独供电，当切断 6.2.1 所述起重机械总电源开关时，工作照明不应断电。各种工作照明均应设短路保护。

8.10.2 当室外起重机总高度大于 30m 时，且周围无高于起重机械顶尖的建筑物和其他设施，两台起重机械之间有可能相碰，或起重机械及其结构妨碍空运或水运，应在其端部装设红色障碍灯。灯的电源不应受起重机停机影响而断电。

8.10.3 起重机应有指示总电源分合状况的信号，必要时还应设置故障信号或报警信号。信号指示应设置在司机或有关人员视力、听力可及的地点。

第三章　机械基础知识

第一节　机械基础概述

一、机器

机器基本上都是由原动部分、工作部分和传动部分组成的。

原动部分是机器动力的来源。常用的原动机有电机、内燃机、空气压缩机等。工作部分是完成机器预定的动作，处于整个传动的终端，其结构形式主要取决于机器本身的用途。传动部分是把原动部分的运动和动力传递给工作部分的中间环节。

传动属于机械传动的有：齿轮传动、蜗轮蜗杆传动、带传动、链传动。

机器通常有以下三个共同的特征：

① 机器是由许多构件组合而成。

② 机器中的构件之间具有确定的相对运动。

③ 机器可以用来代替人的劳动，完成有用的机械功或者实现能量转换。

二、机构

通常把具有确定相对运动构件的组合称为机构。

机构和机器的区别是机构的主要功用在于传递或转变运动的形式，而机器的主要功用是为了利用机械能做功或实现能量转换。

三、机械

是机器和机构的总称。

四、运动副

使两物体直接接触而又能产生一定相对运动的连接，称为运动副，如图 3-1 所示。运动副分为低副和高副。

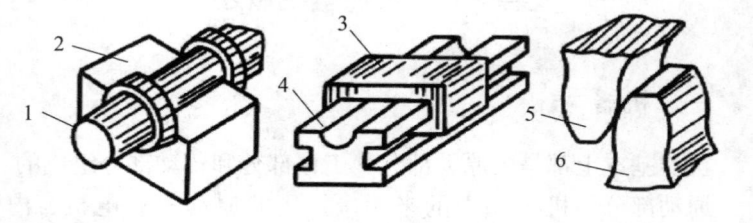

图 3-1　运动副

1—轴；2—轴承；3—滑块；4—导轨；5—轮齿；6—轮齿

1. 低副

是指两构件之间做面接触的运动副，分为转动副、移动副、螺旋副。

（1）转动副：指两构件在接触处只允许做相对转动，如由轴和轴承之间组成的运动副。

（2）移动副：指两构件在接触处只允许做相对移动，如由滑块与导轨组成的运动副。

（3）螺旋副：指两构件在接触处只允许做一定关系的转动和移动的复合运动，如丝杠与螺母组成的运动副。

2. 高副

是两构件之间做点或线接触的运动副。

（1）滚轮副：如由滚轮和轨道组成的运动副。

（2）凸轮副：如凸轮与从动杆组成的运动副。

（3）齿轮副：如由两齿轮轮齿的啮合组成的运动副。

五、齿轮传动

齿轮传动是由齿轮副组成的传递运动和动力的一套装置，所谓齿轮副是由两个相啮合的齿轮组成的基本结构。

齿轮齿条传动在塔式起重机、施工升降机、物料提升机中得到广泛应用。

1. 齿轮传动比

就是主动齿轮与从动齿轮之比，与其齿数呈反比。若两齿轮的旋转方向相同，规定传动比为正；若两齿轮的旋转方向相反，规定传动比为负。

2. 模数

是齿轮几何尺寸计算中最基本的一个参数。对于相同齿数的齿轮，模数越大，齿轮的几何尺寸越大，齿轮越大，承载能力也越大。

齿轮形状是由齿数、模数、压力角三个因素决定的。

3. 齿轮传动的特点

（1）齿轮传动之所以得到广泛应用，是因为它具有以下优点：

①传动效率高，一般为 $95\% \sim 98\%$，最高可达 99%；

②结构紧凑、体积小，与带传动相比，外形尺寸大大减小，它的小齿轮与轴做成一体时直径只有 50mm 左右；

③工作可靠，使用寿命长；

④传动比固定不变，传递运动准确可靠；

⑤能实现平行轴间、相交轴间及空间相错轴间的多种传动。

（2）齿轮传动的缺点

①制造齿轮需要专门的机床、刀具和量具，工艺要求较严，对制造的精度要求高，因此成本较高；

②齿轮传动一般不宜承受剧烈的冲击和过载；

③不宜用于中心距较大的场合。

4. 齿轮传动的分类

（1）直齿圆柱齿轮传动：直齿圆柱齿轮传动的啮合条件是两齿轮的模数和压力角分别相等，如图 3-2 所示。

图 3-2　直齿圆柱齿轮传动

（2）斜齿圆柱齿轮传动：斜齿圆柱齿轮传动和直齿圆柱齿轮传动一样，其传动齿轮是斜齿的，仅限于传动两平行轴之间的运动；齿轮承载能力强，传动平稳，可以得到更加紧凑的结构，但在运转时会产生轴向推力，如图 3-3 所示。

图 3-3　斜齿圆柱齿轮传动

（3）齿条传动：齿条传动主要用于把齿轮的旋转运动变为齿条的直线往复运动，或把齿条的直线往复运动变为齿轮的旋转运动，如图 3-4 所示。

图 3-4　齿条传动

齿轮传动的分类还可分为开式、半开式和闭式三种。

① 开式齿轮传动的齿轮外露，容易受到尘土侵入，润滑不良，轮齿容易磨损，多用于低速传动和工作要求不高的场合。

② 半开式齿轮传动装有简易防护罩，有时还浸入油池中，这样可较好地防止灰尘侵入。由于磨损仍比较严重，所以一般只用于低速传动的场合。

③ 闭式齿轮传动是将齿轮安装在刚性良好的密闭壳体内，并将齿轮浸入一定深度的润滑油中，以保证有良好的工作条件，适用于中速及高速传动的场合。

六、蜗杆传动

是一种常用的大传动比机械传动，广泛应用于机床、仪器、起重运输机械及建筑机械中。蜗杆传动由蜗杆和蜗轮组成，传递两交错轴之间的运动和动力，一般以蜗杆为主动件，蜗轮为从动件，如图 3-5 所示。通常，工程中所用的蜗杆是阿基米德蜗杆，它的外形很像一根具有梯形螺纹的螺杆，其轴向截面类似于直线齿廓的齿条。蜗杆有左旋、右旋之分，一般为右旋。

蜗杆传动的主要特点是工作平稳、噪声小，蜗杆螺旋角小时可具有自锁作用。但传动效率低，价格比较昂贵。

蜗杆传动的主要特点是：

（1）传动比大、结构紧凑、体积小、质量轻；

（2）工作平稳、噪声小；

（3）具有自锁功能，当蜗杆的螺旋升

图 3-5　蜗杆传动

角很小时（一般为单头蜗杆），无论在蜗

轮上加多大的力都不能使蜗杆传动，而只能由蜗杆带动蜗轮转动。

（4）传动的效率低，一般认为蜗杆传动比齿轮传动效率低。尤其是具有自锁性的蜗杆传动，其效率在 0.5 以下，一般效率只有 0.7～0.9；

（5）发热量大，齿面容易磨损，成本高。

七、带传动

带传动由主动轮、从动轮和传动带组成，靠带与带轮之间的摩擦力来传递运动和动力的，如图 3-6 所示。

带传动的特点：

（1）由于传动带具有良好的弹性，所以能缓和冲击、吸收振动、传动平稳，无噪声。但因带传动存在滑动现象，所以不能保证恒定的传动比。

图 3-6　带传动

（2）传动带与带轮是通过摩擦力传递运动和动力的。因此过载时，传动带在轮缘上会打滑，从而可以避免其他零件的损坏，起到安全保护的作用，但传动效率较低，带的使用寿命短；轴、轴承承受的压力较大。

（3）适宜用在两轴中心距较大的场合，但外廓尺寸较大。

（4）结构简单，制造、安装、维护方便，成本低，但不适用于高温、有易燃易爆物品的场合。

八、键销连接

1. 键连接

键连接是由零件的轮毂、轴和键组成，在各种机器上有很多转动零件，如齿轮、带轮、蜗轮、凸轮等，这些轮毂和轴大多数采用平键连接或花键连接。键连接是一种应用很广泛的可拆连接，主要用于轴与轴上零件的周向相对固定，以传递运动或转矩。

（1）平键连接。平键连接装配时先将键放入轴的键槽中，然后推上零件的轮毂，构成平键连接，如图 3-7 所示。平键连接时，键的上顶面与轮毂键槽的底面之间留有间隙，而键的两侧面与轴、轮毂键槽的侧面配合紧密，工作时依靠键和键槽侧面的挤压来传递运动和转矩，因此平键的侧面为工作面。

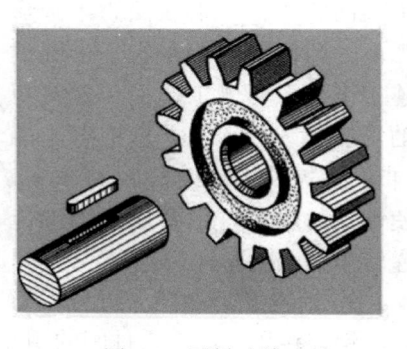

图 3-7　平键连接

平键连接由于结构简单、装拆方便和对中性好，因此获得广泛应用。

（2）花键连接。在使用一个平键不能满足轴所传递的扭矩的要求时，可采用花键连接。花键连接由花键轴与花键套构成，如图 3-8 所示，常用于传递大扭矩，要求有良好的导向性和对中性的场合。花键的齿形有矩形、三角形及渐开线齿形三种。矩形键加工方便，应用较广。

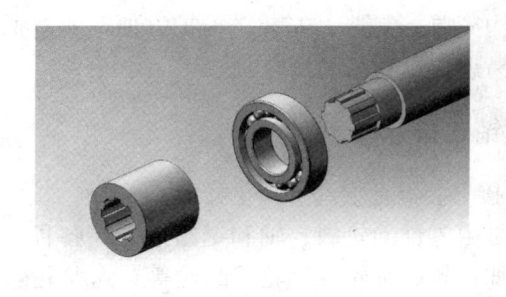

图 3-8　花键连接

（3）半圆键连接。半圆键的上表面为平面，下表面为半圆形弧面，两侧面互相平行。半圆键连接也是靠两侧工作面传递转矩的，如图 3-9 所示。其特点是能自动适应零件轮毂槽底的倾斜，使键受力均匀，主要用于轴端传递转矩不大的场合。

图 3-9　半圆键连接

2. 销连接

销连接用来固定零件间的相互位置，构成可拆连接，也可用于轴和轮毂或其他零件的连接以传递较小的载荷；有时还用作安全装置中的过载剪切元件。销是标准件，其基本形式有圆柱销和圆锥销两种。

（1）圆柱销连接不宜经常装拆，否则，会降低定位精度或连接的紧固性，如图 3-10 所示。

图 3-10　圆柱销

（2）圆锥销有 1∶50 的锥度，小头直径为标准值。圆锥销易于安装，定位精度高于圆柱销，如图 3-11 所示。圆柱销和圆锥销孔均需铰制，铰制的圆柱销孔直径有四种不同配合精度，可根据使用要求选择。

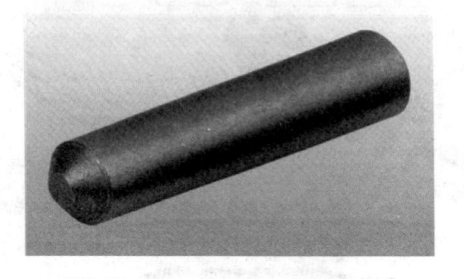

图 3-11　圆锥销

销的类型按工作要求选择。用于连接的销，可根据连接的结构特点按经验确定直径，必要时再做强度校核；定位销一般不受载荷或受很小载荷，其直径按结构确定，数目不得少于两个。

九、轴

轴是组成运动单元最基本的和主要的零件，一切做旋转运动的传动零件，都必须安装在轴上才能实现旋转和传递动力。

1. 轴的分类

（1）按照轴所受载荷不同，可将轴分为心轴、转轴和传动轴三类。

① 心轴：通常指只承受弯矩而不承受转矩的轴，常见的有车辆的车轮轴、滑轮轴、吊钩心轴等。

② 转轴：既受弯矩又受转矩的轴，常见的转轴有翻盖手机转轴、笔记本电脑转轴等。

③ 传动轴：只受转矩不受弯矩或受很小弯矩的轴，多见于汽车传动系统中。

（2）按照轴的轴线形状不同，可以把轴分为曲轴和直轴两大类。曲轴可以将旋转运动改变为往复直线运动或者做相反的运动转换。直轴应用最为广泛，直轴按照其外形不同，可分为光轴和阶梯轴两种，如图 3-12 所示。

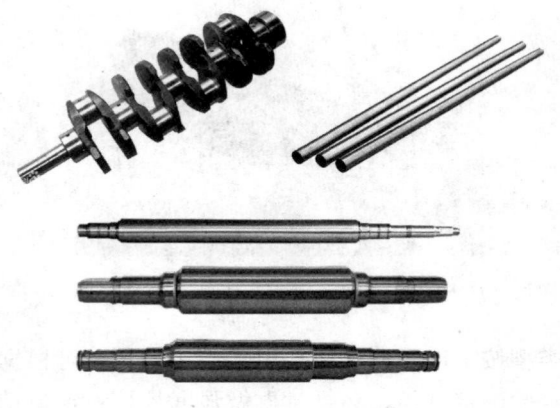

图 3-12　曲轴、光轴和阶梯轴

2. 轴固定

轴上零件的固定可分为周向固定和轴向固定，如图 3-13 所示。

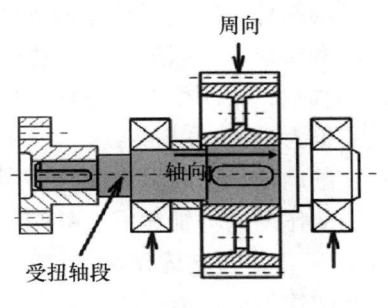

图 3-13　周向固定和轴向固定

（1）周向固定是指不允许轴与零件发生相对转动的固定。

周向固定常用的方法有楔键连接、平键连接、花键连接和过盈配合连接。

① 楔键连接：不适用于高速、精密的机械，只适用于低速轴上零件的连接；

② 花键连接：常用于传递大扭矩、要求有良好的导向性和对中性的场合；

③ 过盈配合：连接的特点是轴的实际尺寸比孔实际尺寸大，安装时利用打入、压入、热套等方法将轮毂装在轴上，通常用于有振动、冲击和不需要经常装拆的场合。

（2）轴向固定是指既受弯矩又受转矩的轴固定，不允许轴与零件发生相对的轴向移动的固定。

常用的固定方法有轴肩、螺母、定位套筒和弹性挡圈等。

① 轴肩：用于单方向的轴向固定；

② 螺母：轴端或轴向力较大时可用螺母固定。为防止螺母松动，可采用双螺母或带翅垫圈；

③ 定位套筒：一般用于两个零件间距离较小的场合；

④ 弹性挡圈（卡环）：当轴向力较小时，可采用弹性挡圈进

行轴向定位，具有结构简单、紧凑等特点。

3. 轴承

是用于支承轴颈的部件，它能保证轴的旋转精度，减小转动时轴与支承间的摩擦和磨损。根据工作时摩擦性质不同，轴承可分为滑动轴承和滚动轴承；按所受载荷方向不同，可分为向心轴承、推力轴承和向心推力轴承。

（1）滚动轴承：滚动轴承一般由内圈、外圈、滚动体和保持架四部分组成，内圈的作用是与轴相配合并与轴一起旋转；外圈的作用是与轴承座相配合，起支撑作用；滚动体是借助于保持架均匀地将滚动体分布在内圈和外圈之间，其形状大小和数量直接影响着滚动轴承的使用性能和寿命；保持架能使滚动体均匀分布，引导滚动体旋转，起润滑作用，如图 3-14 所示。

图 3-14　滚动轴承

滚动轴承具有以下特点：

① 摩擦阻力小，启动快，效率高；

② 对于同一尺寸的滚动轴承的宽度小，可使机器轴向尺寸小，结构紧凑；

③ 运转精度高，径向游隙比较小并可用预紧完全消除；

④ 冷却、润滑装置结构简单，维护保养方便；

⑤ 不需要用有色金属，对轴的材料和热处理要求不高；

⑥ 滚动轴承为标准化产品，统一设计、制造、大批量生产、成本低；

⑦ 点、线接触，缓冲、吸振性能较差，承载能力低，寿命低，易点蚀。

（2）滑动轴承：滑动轴承一般由轴承座、轴瓦（或轴套）、润滑装置和密封装置等部分组成，如图 3-15 所示。

滑动轴承具有以下特点：

① 滑动轴承工作平稳、可靠、无噪声；

② 在液体润滑条件下，滑动表面被润滑油分开而不发生直接接触，还可以大大减小摩擦损失和表面磨损，油膜还具有一定的吸振能力；

③ 启动摩擦阻力较大。

十、联轴器

图 3-15 滑动轴承

是用来连接不同机构中的两根轴（主动轴和从动轴），使之共同旋转以传递扭矩的机械零件。

常用的联轴器可分为刚性联轴器、弹性联轴器和安全联轴器三类。

1. 刚性联轴器

刚性联轴器是通过若干刚性零件将两轴连接在一起，可分为固定式（图 3-16）和可移式（图 3-17）两种。固定式刚性联轴器虽然不具有补偿性能，但有结构简单、制造容易、不需维护、成本低等特点，仍有其应用范围。可移式刚性联轴器具有补偿两轴相对位移的能力。

图 3-16 固定式刚性联轴器

图 3-17 可移动式十字滑块联轴器

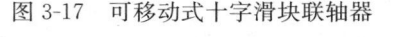

2. 弹性联轴器

弹性联轴器种类繁多，它具有缓冲吸振、可补偿较大的轴向位移、微量的径向位移和角位移的特点，用在正反向变化多、启

51

动频繁的高速轴上，图 3-18 所示是一种常见的弹性联轴器。

十一、制动器

用于机构或机器减速或使其停止的装置，是各类起重机械不可缺少的组成部分，它既是起重机的控制装置，又是安全装置。

图 3-18　弹性联轴器

1. 工作原理

制动器摩擦副中的一组与固定机架相连，另一组与机构转动轴相连。当摩擦副接触压紧时，产生制动作用；当摩擦副分离时，制动作用解除，机构可以运动。

2. 制动器的分类

（1）制动器一般常用的是带式制动器、块式制动器和盘式（锥式）制动器。

① 带式制动器是利用制动带与制动轮之间产生的摩擦力达到制动的目的，如图 3-19 所示。带式制动器机构简单，包角大，可产生比较大的制动力矩，调节容易，应用广泛。缺点是被制动的轴受单方向压力。

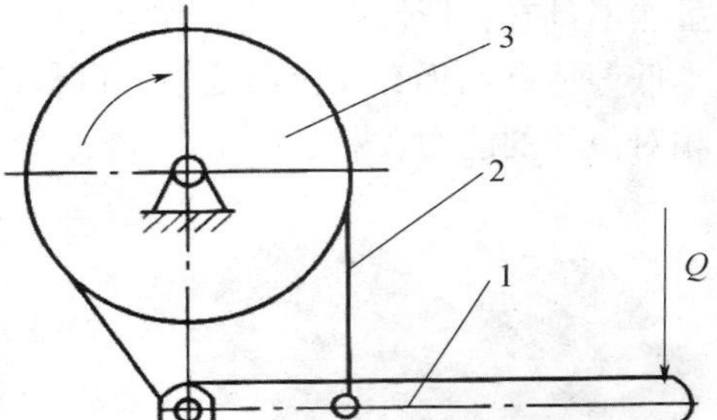

图 3-19　带式制动器

② 块式制动器是靠制动块压紧在制动轮上实现制动的制动器。利用两个对称布置的制动瓦块，在径向抱紧制动轮而产生制动力矩，使之达到制动的目的，如图 3-20 所示。

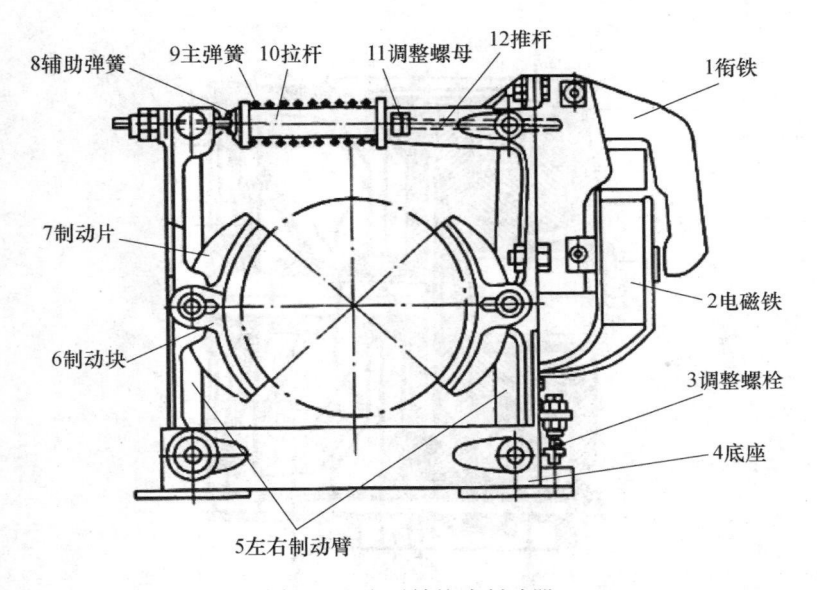

8辅助弹簧　9主弹簧　10拉杆　11调整螺母　12推杆　1衔铁

7制动片

6制动块

5左右制动臂

2电磁铁

3调整螺栓

4底座

图 3-20　电磁铁块式制动器

③ 盘式与锥式制动器是带有摩擦衬料的盘式和锥式金属盘，在轴向互相贴紧而实现制动的制动器，如图 3-21 所示

（2）按工作状态，制动器一般可分为常闭式制动器和常开式制动器。

① 常闭式制动器：在机构处于非工作状态时，制动器处于闭合制动状态；在机构工作时，操纵机构先行自动松开制动器。

② 常开式制动器：制动器平常处于松开状态，需要制动时通过机械或液压机构来完成。

3. 制动器安全检查重点

（1）制动轮的制动摩擦面是否有妨碍制动性能的缺陷或有油污；

（2）制动带或制动瓦块的摩擦材料的磨损程度；

（3）制动带或制动瓦块与制动轮的实际接触面积，不应小于理论接触面积的 70%；

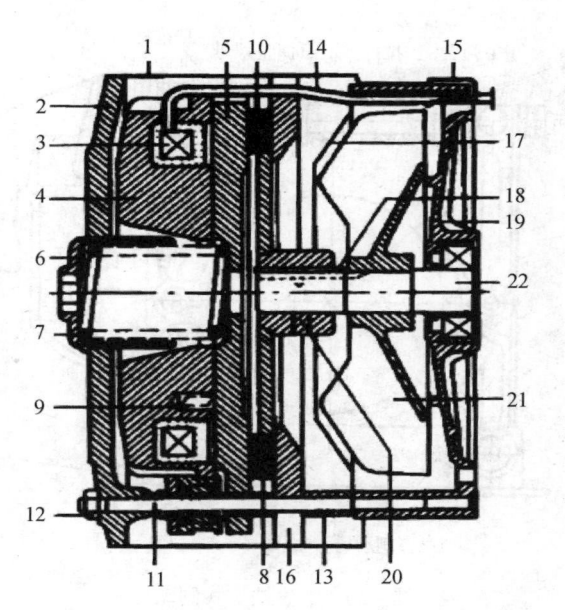

图 3-21　电磁盘式制动器

1—防护罩；2—端架；3—磁铁线圈；4—磁铁架；5—衔铁；6—调整轴套；
7—制动器弹簧；8—可转制动盘；9—压缩弹簧；10—止动垫片；11—螺栓；
12—螺母；13—垫圈；14—线圈电缆；15—电缆夹子；16—固定制动盘；
17—风扇罩；18—键；19—电动机后端罩；20—紧定螺钉；
21—电动风扇；22—电动机主轴

（4）制动器不得出现过热现象；

（5）控制制动器的操纵部位（如踏板、操纵手柄等）应有防滑性能。

4．制动器的报废

（1）可见裂纹；

（2）制动块摩擦衬垫磨损量达原厚度的 50%；

（3）制动轮表面磨损量达 1.5～2mm；

（4）弹簧出现塑性变形；

（5）电磁铁杠杆系统空行程超过其额定行程的 10%。

第二节　常用起重工具和设备

一、钢丝绳

1. 钢丝绳简介

钢丝绳是将力学性能和几何尺寸符合要求的钢丝按照一定的规则捻制在一起的螺旋状钢丝束，钢丝绳由钢丝、绳芯及润滑脂组成，如图 3-22 所示。钢丝绳是先由多层钢丝捻成股，再以绳芯为中心，由一定数量股捻绕成螺旋状的绳。

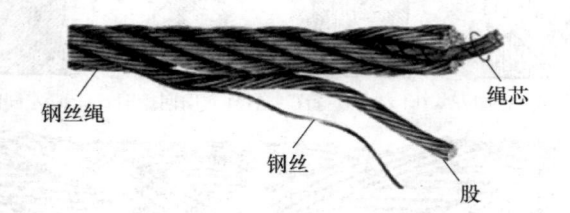

图 3-22　钢丝绳基本结构

（1）钢丝：钢丝绳起到承受载荷的作用，其性能主要由钢丝决定。钢丝是碳素钢或合金钢通过冷拉或冷轧而成的圆形（或异型）丝材，具有很高的强度和韧性，并根据使用环境条件的不同对钢丝进行表面处理。

（2）绳芯：是用来增加钢丝绳弹性和韧性，润滑钢丝，减轻摩擦，提高使用寿命的。

设置绳芯的主要目的是为了增加挠性与弹性，通常在钢丝绳的中心都设置一绳芯，如果为了钢丝绳的挠性与弹性更好，还应在每一股中再增加一股绳芯，此时的绳芯应选用纤维芯。在绕制钢丝绳时，将绳芯浸入一定量的防腐、防锈润滑油，钢丝绳工作时润滑油将浸入各钢丝之间，还可以起到润滑、减少摩擦及防腐等作用。为了增强钢丝绳的抗挤压能力，可在钢丝绳中心设置一个钢芯,以便提高钢丝绳的横向抗挤压能力。

(3)股:通常是由一定形状和尺寸钢丝绕一中心沿相同方向捻制一层或多层的螺旋状结构。

2. 钢丝绳的分类

(1)钢丝绳按捻制方向分为同向捻(顺绕)、交互捻(交绕)、混合捻和多层股不旋转钢丝绳,如图 3-23 所示。

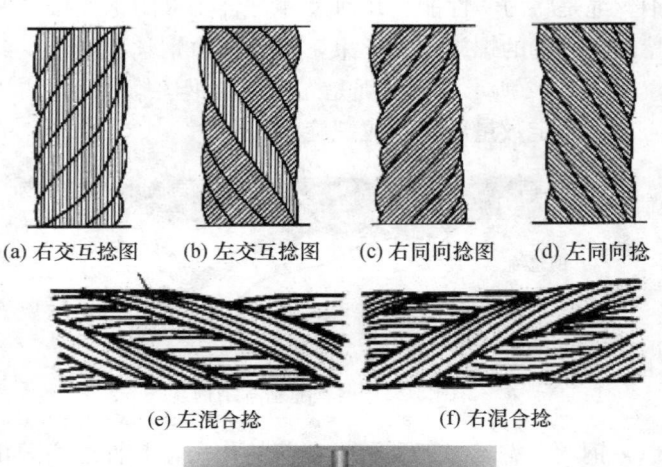

(a) 右交互捻图　　(b) 左交互捻图　　(c) 右同向捻图　　(d) 左同向捻

(e) 左混合捻　　　　　　　(f) 右混合捻

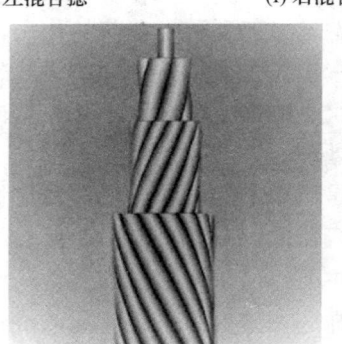

(g) 多层股不旋转钢丝绳

图 3-23　钢丝绳捻制方向

在卷筒上穿绕钢丝绳时，必须注意检查钢丝绳的捻向。穿绕钢丝绳时，起升钢丝绳的捻向必须与起升卷筒上的钢丝绳绕向相反。

① 同向捻（顺绕）：由钢丝绳捻制成股，股捻制成绳的捻向相同。这种绳挠性好，使用寿命长，但容易打结、松散和扭转，适用于经常保持张紧状态的牵引绳。

② 交互捻（交绕）：股和绳的捻向相反。由于钢丝间的接触交叉，挠性较差，寿命较低，但没有扭转，克服了顺绕绳容易松散的缺点，常用于起升机构。

③ 混合捻：由两种相反绕向的股捻成的钢丝绳，半数股左旋，半数股右旋，性能介于上述两者之间，但制造复杂，应用较少。

④ 多层股不旋转钢丝绳：多层股不旋转钢丝绳是由内外相邻层股在钢丝绳中以相反方向捻制而成，在承受拉力时具有较好的低旋转性，较多用于起升高度较大的起升机构。

（2）钢丝绳按绳芯种类分为纤维芯、石棉芯和金属芯。

① 纤维芯：通常是用剑麻、棉纱等纤维制成，并用防腐、防锈润滑油浸透。纤维芯能促使钢丝绳具有良好的挠性和弹性，润滑油能使钢丝绳得到润滑、防锈、防腐作用。但纤维芯钢丝绳不适合在高温环境中工作，又不适宜在承受横向压力情况下工作。它主要用于常温下的缠绕绳和捆绑绳。

② 石棉芯：是用石棉纤维制成，并用防腐、防锈润滑油浸透。石棉芯钢丝绳和纤维芯钢丝绳具有同样良好的挠性、弹性及润滑性，同时又具有耐高温性，适用于高温、烘烤环境中的冶金起重机缠绕绳。

③ 金属芯：是用软钢丝或软钢绳股制成，由于金属芯强度高，抵抗横向挤压能力强，因而它适用于多层缠绕的起重设备。如卷扬机、汽车起重机的缠绕装置；由于强度高，也适用于特重

级高温环境下的冶金起重机使用。金属芯钢丝绳的挠性和弹性均不如纤维芯钢丝绳，除了用于多层缠绕、高温环境之外，多用于起重设备的张紧绳或支持绳。

（3）钢丝绳按钢丝的接触状态分为点接触、线接触和面接触钢丝绳，如图3-24所示。

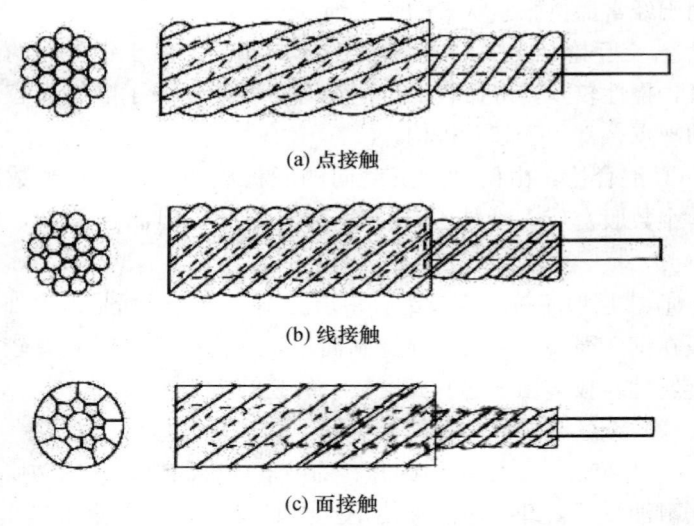

(a) 点接触

(b) 线接触

(c) 面接触

图3-24　钢丝绳钢丝的接触状态

① 点接触钢丝绳（普通型）：是采用等直径钢丝捻制。由于各层钢丝的捻距不等，各层钢丝与钢丝间形成点接触。受载时单丝之间的交叉部位因单丝相互摩擦，有使钢丝绳受损严重的缺点，容易磨损、折断，寿命较低。优点是制造工艺简单、价格低廉。点接触钢丝绳常作为起重作业的捆绑吊索，起重机的工作机构也有采用，如图3-25所示。

② 线接触钢丝绳：是采用直径不等的钢丝捻制。将内外层钢丝适当配置，使不同层钢丝与钢丝间形成线接触，减小弯曲和内部摩擦，使受载时钢丝的接触应力降低。线接触绳承载力高、挠

性好、寿命较高。常用的线接触钢丝绳有西尔型（外粗型）、瓦林吞型（粗细型）；填充型（密集型）等。起重机设计规范推荐，在起重机的工作机构中优先采用线接触钢丝绳，如图 3-26 所示。

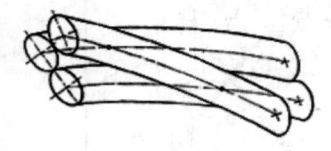

图 3-25　点接触钢丝绳单丝
　　　　接触状态

图 3-26　线接触钢丝绳单丝
　　　　接触状态

③ 面接触钢丝绳（密封型）：钢丝绳从点接触钢丝绳发展到面接触的绕线，针对单丝的接触状态而言面接触钢丝绳最为理想。通常以圆钢丝为股芯，最外一层或几层采用异形断面的钢丝，层与层之间是面接触，用挤压方法绕制而成。其特点是表面光滑、挠性好、强度高、耐腐蚀，但制造工艺复杂，价格高，起重机上很少使用，常用作缆索起重机和架空索道的承载索，如图 3-27 所示。

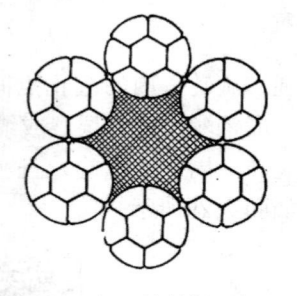

图 3-27　面接触钢丝绳
　　　　单丝接触状态

3. 钢丝绳的主要参数

（1）钢丝绳直径：钢丝绳的大小用"公称直径"描述，是钢丝绳外接圆的直径。

钢丝绳实际直径的测量需要使用合适的测量仪器，即宽度游标卡尺。游标卡尺的宽度必须跨越不少于相邻两股，在钢丝绳绳端 15m 外的直线部位上进行测量，在至少相距 1m 的两截面上进行测量，且在每个点的相互垂直方向上测量两个直径。四个测量结果的平均值作为钢丝绳的实测直径，如图 3-28 所示。

（2）捻距：是指在捻股或合绳时，钢丝围绕股芯或绳股围绕

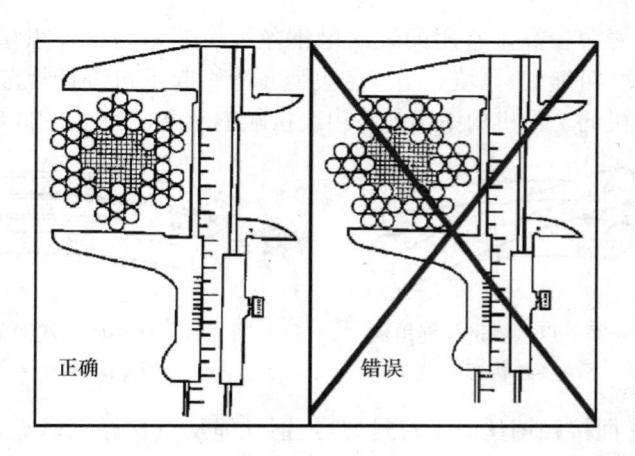

图 3-28　钢丝绳直径的测量方法

绳芯旋转一周的起止点间的直线距离。单股钢丝绳的外层钢丝、多股钢丝绳的外层股或缆式钢丝绳的单元钢丝绳围绕钢丝绳轴线旋转一周（或螺旋）且平行于钢丝绳轴线的对应两点间的距离，如图 3-29 所示。

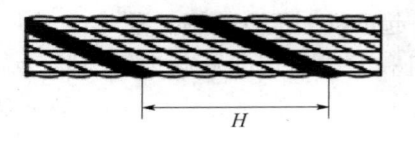

图 3-29　捻距

（3）钢丝绳破断拉力

① 最小破断拉力：将整根钢丝绳拉断的理论拉力。

钢丝绳最小破断拉力理论计算：

$$F_0 = \frac{K'D^2\sigma}{1000}$$

式中　F_0——钢丝绳最小破断拉力，kN；

　　　D——钢丝绳的公称直径，mm；

K'——某一指定结构钢丝绳的最小破断拉力系数，K 值见相关钢丝绳标准或资料；

σ_0——钢丝的公称抗拉强度，MPa。

② 实测破断拉力：将整根钢丝绳拉断的实际拉力，一般大于或等于最小破断拉力。

③ 钢丝绳钢丝破断拉力总和：是将组成钢丝绳的所有钢丝的破断拉力加在一起得到的。

钢丝的破断拉力按钢丝的公称面积乘以钢丝的公称抗拉强度，是反映钢丝绳的理论最大拉力。但钢丝在钢丝绳中是二次螺旋变形的，而且钢丝绳中的钢丝在钢丝绳中并不一定同时承受力，钢丝绳中的钢丝受力较复杂，一般不用它判断钢丝绳的受力。

（4）百米钢丝绳质量：100m 钢丝绳的理论质量。

（5）钢丝绳的临界长度：钢丝绳有自重，钢丝绳在垂直悬挂时，当长度达到一定数值时，钢丝绳在自身质量作用下，便会产生断裂，钢丝绳这种断裂的最小长度称为临界长度。

钢丝绳临界长度理论计算：

$$L_{max} = 10 \cdot \frac{K'}{K_p} \cdot R_0$$

式中　L_{max}——钢丝绳的临界长度，m；

R_0——钢丝的公称抗拉强度，N/mm^2（MPa）。

（6）安全系数：在钢丝绳受力计算和选择钢丝绳时，考虑到钢丝绳受力不均、负荷不准确、计算方法不精确和使用环境复杂等一系列不利因素，应给予钢丝绳一个储备能力。

一般情况钢丝绳的安全系数按以下要求计算：

① 用于缆风绳的钢丝绳的安全系数应为 3.5；

② 用于机动起重设备的钢丝绳的安全系数应为 5～6；

③ 用于吊索、无弯曲时的钢丝绳的安全系数应为 6～7；

④ 用于载人的升降机的钢丝绳的安全系数应为 14。

4. 钢丝绳的固定与连接

（1）常用的方式有：编结法如图 3-30（a）所示，绳卡固定法如图 3-30（b)所示，铝合金压套法如图 3-30（c）所示，楔块、楔套连接如图 3-30（d）所示，锥形套浇铸法如图 3-30（e）所示。

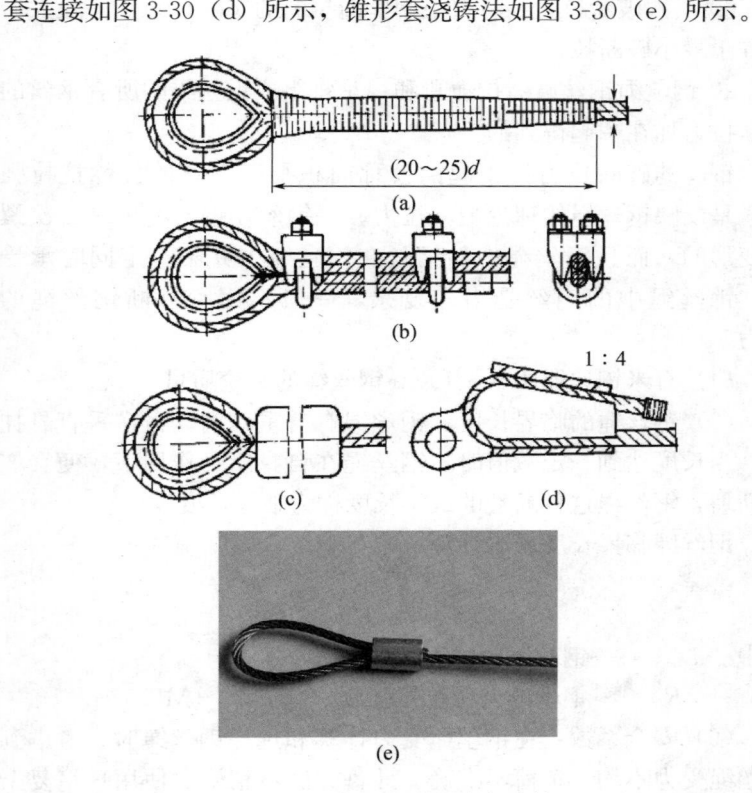

$(20\sim25)d$

(a)

(b)

1 : 4

(c)   (d)

(e)

图 3-30　钢丝绳的固定与连接

按照《起重机械安全规程 第 1 部分：总则》（GB/T 6067.1—2010）的要求，钢丝绳端部的固定和连接应符合如下要求：

① 用绳夹连接时，应满足表 3-1 的要求，同时应保证连接强度不小于钢丝绳最小破断拉力的 85％。

表 3-1　钢丝绳夹连接时的安全要求

钢丝绳公称直径/mm	≤19	19~32	32~38	38~44	44~60
钢丝绳夹量最少数量/组	3	4	5	6	7

注：钢丝绳夹夹座应在受力绳头一边；每两个钢丝绳夹的间距不应小于钢丝绳直径
的 6 倍

② 用编结连接时，编结长度不应小于钢丝绳直径的 15 倍，并且不小于 300 mm，连接强度不应小于钢丝绳最小破断拉力的 75%。

③ 用楔块、楔套连接时，楔套应用钢材制造，连接强度不应小于钢丝绳最小破断拉力的 75%。

④ 用锥形套浇铸法连接时，连接强度应达到钢丝绳的最小破断拉力。

⑤ 用铝合金套压缩法连接时，连接强度应达到钢丝绳最小破断拉力的 90%。

5. 钢丝绳的使用要求

（1）钢丝绳的一般使用要求。

① 钢丝绳在卷筒上，应按顺序整齐排列；

② 起升机构和变幅机构，不得使用编结接长的钢丝绳。使用其他方法连接钢丝绳时，必须保证接头连接强度不小于钢丝绳破断拉力的 90%；

③ 起升高度较大的起重机，宜采用不旋转、无松散倾向的钢丝绳。采用其他钢丝绳时，应有防止钢丝绳和吊具旋转的装置或措施；

④ 当吊钩处于工作位置低点时，钢丝绳在卷筒上的缠绕，除固定绳尾的圈数外，必须不少于 3 圈；

⑤ 吊运熔化或炽热金属的钢丝绳，应采用石棉芯等耐高温的钢丝绳；

⑥ 安装钢丝绳时，不应在不洁净的地方拖线，也不应缠绕在其他的物体上，应防止划、磨、碾、压和过度弯曲；

⑦ 钢丝绳应保持良好的润滑状态。所用的润滑剂应符合该绳的要求，并且不影响外观检查。润滑时应特别注意不易看到和润滑剂不易渗透到的部位；

⑧ 对日常使用的钢丝绳每天都应进行检查，包括对端部的固定连接，平衡滑轮处的检查，并作出安全性的判断；

⑨ 钢丝绳的润滑。对钢丝绳定期进行系统润滑，可保证钢丝绳的性能，延长使用寿命。润滑之前，应将钢丝绳表面上积存的污垢和铁锈清除干净，最好是用镀锌钢丝刷将钢丝绳表面刷净。钢丝绳表面越干净，润滑油脂就越容易渗透到钢丝绳内部去，效果就越好。

（2）起重吊装作业中，捆绑钢丝绳时，必须注意的事项：

① 吊绳间的夹角越大，张力越大，单根吊绳的受力也越大；反之，吊绳的受力越小。吊绳间夹角小于 60°为最佳，夹角不允许超过 120°。

② 捆绑方形物体起吊时，吊绳间的夹角有可能达到 170°左右，此时，钢丝绳受到的拉力会达到所吊物体质量的 5～6 倍。120°可以看做是起重吊运中的极限角度。

③ 绑扎时吊索的捆绑方式也影响其安全起重量，在进行绑扎吊索的强度计算时，其安全系数应取大一些。

如果吊绳间有夹角，在计算吊绳安全载荷的时候，应根据夹角的不同，分别再乘以折减系数。

④ 钢丝绳的起重能力不仅与起吊钢丝绳之间的间距有关，而且与捆绑时钢丝绳曲率半径有关。

一般钢丝绳的曲率半径大于绳径 6 倍以上，起重能力不受影响。

当曲率半径为绳径的 5 倍时，起重能力降至原起重能力的 85%。

当曲率半径为绳径的 4 倍时，起重能力降至原起重能力的 80%。

当曲率半径为绳径的 3 倍时，起重能力降至原起重能力的 75%。

当曲率半径为绳径的 2 倍时，起重能力降至原起重能力的 65%。

当曲率半径为绳径的 1 倍时，起重能力降至原起重能力的 50%。

6. 钢丝绳的报废

只要发现钢丝绳的劣化速度有明显的变化，就应对其原因展开调查，并尽可能地采取纠正措施。情况严重时，主管人员可以决定报废钢丝绳或修正报废基准，例如减少允许可见断丝数量。

在某些情况下，超长钢丝绳中相对较短的区段出现劣化，如果受影响的区段能够按要求移除，并且余下的长度能够满足工作要求，主管人员可以决定不报废整根钢丝绳。

（1）可见断丝：不同种类可见断丝的报废基准应符合表 3-2～表 3-4 的规定。

表 3-2 可见断丝报废基准

序号	可见断丝的种类	报废基准
1	断丝随机地分布在单层缠绕的钢丝绳经过一个或多个钢制滑轮的区段和进出卷筒的区段，或者多层缠绕的钢丝绳位于交叉重叠区域的区段[a]	单层和平行捻密实钢丝绳见表 3-3，阻旋转钢丝绳见表 3-4
2	在不进出卷筒的钢丝绳区段出现的呈局部聚集状态的断丝	如果局部聚集集中在一个或两个相邻的绳股，即使 $6d$ 长度范围内的断丝数低于表 3-3 和表 3-4 的规定值，可能也要报废钢丝绳
3	股沟断丝[b]	在一个钢丝绳捻距（大约为 $6d$ 的长度）内出现两个或更多断丝
4	绳端固定装置处的断丝	两个或更多断丝

表 3-3　单层股钢丝绳和平行捻密实钢丝绳中达到报废程度的最少可见断丝数

钢丝绳类别编号 RCN	外层股中承载钢丝的总数[a] n	可见外部断丝的数量[b]					
		在钢制滑轮上工作和/或单层缠绕在卷筒上的钢丝绳区段（钢丝断裂随机分布）				多层缠绕在卷筒上的钢丝绳区段[c]	
		工作级别 M1~M4 或未知级别[d]				所有工作级别	
		交互捻		同向捻		交互捻和同向捻	
		$6d$[e] 长度范围内	$30d$[e] 长度范围内	$6d$[e] 长度范围内	$30d$[e] 长度范围内	$6d$[e] 长度范围内	$30d$[e] 长度范围内
01	$n \leqslant 50$	2	4	1	2	4	8
02	$51 \leqslant n \leqslant 75$	3	6	2	3	6	12
03	$76 \leqslant n \leqslant 100$	4	8	2	4	8	16
04	$101 \leqslant n \leqslant 120$	5	10	2	5	10	20
05	$121 \leqslant n \leqslant 140$	6	11	3	6	12	22
06	$141 \leqslant n \leqslant 160$	6	13	3	6	12	26
07	$161 \leqslant n \leqslant 180$	7	14	4	7	14	28
08	$181 \leqslant n \leqslant 200$	8	16	4	8	16	32
09	$201 \leqslant n \leqslant 220$	9	18	4	9	18	36
10	$221 \leqslant n \leqslant 240$	10	19	5	10	20	38
11	$241 \leqslant n \leqslant 260$	10	21	5	10	20	42
12	$261 \leqslant n \leqslant 280$	11	22	6	11	22	44
13	$281 \leqslant n \leqslant 300$	12	24	6	12	24	48
	$n > 300$	$0.04n$	$0.08n$	$0.02n$	$0.04n$	$0.08n$	$0.16n$

注：对于外股为西鲁式结构且每股的钢丝数≤19 的钢丝绳（例如 6×19Seale），在表中的取值位置为其"外层股中承载钢丝总数 所在行之上的第二行

[a]　在本标准中，填充钢丝不作为承载钢丝，因而不包括在 n 值之中。

[b]　一根断丝有两个断头（按一根断丝计数）。

[c]　这些数值适用于交叉重叠区域和由于钢丝绳偏角影响的缠绕绳圈之间干涉引起的劣化（不适用于只在滑轮上工作而不在卷筒上缠绕的区段）。

[d]　机构的工作级别为 M5~M8 时，断丝数可取表中数值的两倍。

[e]　d——钢丝绳公称直径

表 3-4 阻旋转钢丝绳中达到报废程度的最少可见断丝数

钢丝绳类别编号 RCN	钢丝绳外层股数和外层股中承载钢丝总数[a] n	可见断丝数量[b]			
		在钢制滑轮上工作和/或单层缠绕在卷筒上的钢丝绳区段		多层缠绕在卷筒上的钢丝绳区段[c]	
		$6d^{\text{d}}$长度范围内	$30d^{\text{d}}$长度范围内	$6d^{\text{d}}$长度范围内	$30d^{\text{d}}$长度范围内
21	4 股 $n \leqslant 100$	2	4	2	4
22	3 股或 4 股 $n \geqslant 100$	2	4	4	8
	至少 11 个外层股				
23-1	$71 \leqslant n \leqslant 100$	2	4	4	8
23-2	$101 \leqslant n \leqslant 120$	3	5	5	10
23-3	$121 \leqslant n \leqslant 140$	3	5	6	11
24	$141 \leqslant n \leqslant 160$	3	6	6	13
25	$161 \leqslant n \leqslant 180$	4	7	7	14
26	$181 \leqslant n \leqslant 200$	4	8	8	16
27	$201 \leqslant n \leqslant 220$	4	9	9	18
28	$221 \leqslant n \leqslant 240$	5	10	10	19
29	$241 \leqslant n \leqslant 260$	5	10	10	21
30	$261 \leqslant n \leqslant 280$	6	11	11	22
31	$281 \leqslant n \leqslant 300$	6	12	12	24
	$n > 300$	6	12	12	24

注：对于外股为西鲁式结构且每股的钢丝数≤19 的钢丝绳（例如 18×19Seale-WSC），
在表中的取值位置为其"外层股中承载钢丝总数"所在行之上的第二行。

[a] 在本标准中，填充钢丝不作为承载钢丝，因而不包括在 n 值之中。

[b] 一根断丝有两个断头（按一根断丝计数）。

[c] 这些数值适用于交叉重叠区域和由于钢丝绳偏角影响的缠绕绳圈之间干涉引起
的劣化（不适用于只在滑轮上工作而不在卷筒上缠绕的区段）。

[d] d——钢丝绳公称直径

非工作原因导致的断丝：运输、贮存、装卸、安装、制造等原因可能导致个别钢丝断裂。这种独立的断丝现象不是由工作过程中的劣化引起的，在检查钢丝绳断丝时通常不将这种断丝计算在内。发现这种断丝应进行记录，可为将来的检验提供帮助。如果这种断丝的端部从钢丝绳内伸出，可能会导致某种潜在的局部劣化，应将其去除。

（2）钢丝绳直径的减小

① 沿钢丝绳长度等值减小：在卷筒上单层缠绕和/或经过钢制滑轮的钢丝绳区段，直径等值减小的报废基准值见表 3-5 中的粗体字。

表 3-5 直径等值减小的报废基准——单层缠绕卷筒和钢制滑轮上的钢丝绳

钢丝绳类型	直径的等值减小量 Q（用公称直径的百分比表示）	严重程度分级	
		程度	％
纤维芯单层股钢丝绳	$Q<6\%$	—	0
	$6\%\leqslant Q<7\%$	轻度	20
	$7\%\leqslant Q<8\%$	中度	40
	$8\%\leqslant Q<9\%$	重度	60
	$9\%\leqslant Q<10\%$	严重	80
	$Q\geqslant10\%$	报废	**100**
钢芯单层股钢丝绳或平行捻密实钢丝绳	$Q<3.5\%$	—	0
	$3.5\%\leqslant Q<4.5\%$	轻度	20
	$4.5\%\leqslant Q<5.5\%$	中度	40
	$5.5\%\leqslant Q<6.5\%$	重度	60
	$6.5\%\leqslant Q<7.5\%$	严重	80
	$Q\geqslant7.5\%$	报废	**100**
阻旋转钢丝绳	$Q<1\%$	—	0
	$1\%\leqslant Q<2\%$	轻度	20
	$2\%\leqslant Q<3\%$	中度	40
	$3\%\leqslant Q<4\%$	重度	60
	$4\%\leqslant Q<5\%$	严重	80
	$Q\geqslant5\%$	报废	**100**

② 局部减小：如果发现直径有明显的局部减小，如由绳芯或钢丝绳中心区损伤导致的直径局部减小，应报废该钢丝绳。

（3）断股：如果钢丝绳发生整股断裂，则应立即报废。

（4）腐蚀：报废基准和腐蚀严重程度分级见表 3-6，评估腐蚀范围时，重要的是区分钢丝腐蚀和由于外来颗粒氧化而产生的钢丝绳表面腐蚀之间的差异。

表 3-6　腐蚀报废基准和严重程度分级

腐蚀类型	状态	严重程度分级
外部腐蚀	表面存在氧化迹象，但能够擦净 钢丝表面手感粗糙 钢丝表面重度凹痕以及钢丝松弛[a]	浅表——0% 重度——60%[b] 报废——100%
内部腐蚀	内部腐蚀的明显可见迹象——腐蚀碎屑从外绳股之间的股沟溢出[c]	报废——100% 或 如果主管人员认为可行，则进行内部检验
摩擦腐蚀	摩擦腐蚀过程为：干燥钢丝和绳股之间的持续摩擦产生钢质微粒的移动，然后是氧化，并产生形态为干粉（类似红铁粉）状的内部腐蚀碎屑	对此类迹象特征宜作进一步探查，若仍对其严重性存在怀疑，宜将钢丝绳报废（100%）

a 对其他中间状态 宜对其严重程度分级做出评估（即在综合影响中所起的作用）。
b 镀锌钢丝的氧化也会导致钢丝表面手感粗糙，但是总体状况可能不如非镀锌钢丝严重。在这种情况下，检验人员可以考虑将表中所给严重程度分级降低一级作为其在综合影响中所起的作用。
c 虽然对内部腐蚀的评估是主观的，但如果对内部腐蚀的严重程度有怀疑，就宜将钢丝绳报废

注：内部腐蚀或摩擦腐蚀能够导致直径增大

（5）畸形和损伤

总则：钢丝绳失去正常形状而产生的可见形状畸变都属于畸形。畸形通常发生在局部，会导致畸形区的钢丝绳内部应力分布不均匀。畸形和损伤会以多种方式表现出来。只要钢丝绳的自身

状态被认为是危险的，就应立即报废。

① 波浪形：在任何条件下，只要出现以下情况之一，钢丝绳就应报废（图 3-31）；

a. 在从未经过、绕进滑轮或缠绕在卷筒上的钢丝绳直线区段上，直尺和螺旋面下侧之间的间隙 $g \geqslant 1/3 \times d$；

b. 在经过滑轮或缠绕在卷筒上的钢丝绳区段上，直尺和螺旋面下侧之间的间隙 $g \geqslant 1/10 \times d$.

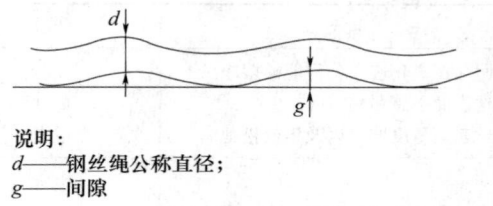

说明：
d——钢丝绳公称直径；
g——间隙

图 3-31　波浪形钢丝绳

② 笼状畸形：出现篮形或灯笼状畸形（图 3-32）的钢丝绳应立即报废，或者将受影响的区段去掉，但应保证余下的钢丝绳能够满足使用要求。

图 3-32　笼状畸形

③ 绳芯或绳股突出或扭曲：发生绳芯或绳股突出（图 3-33）的钢丝绳应立即报废，或者将受影响的区段去掉，但应保证余下的钢丝绳能够满足使用要求。

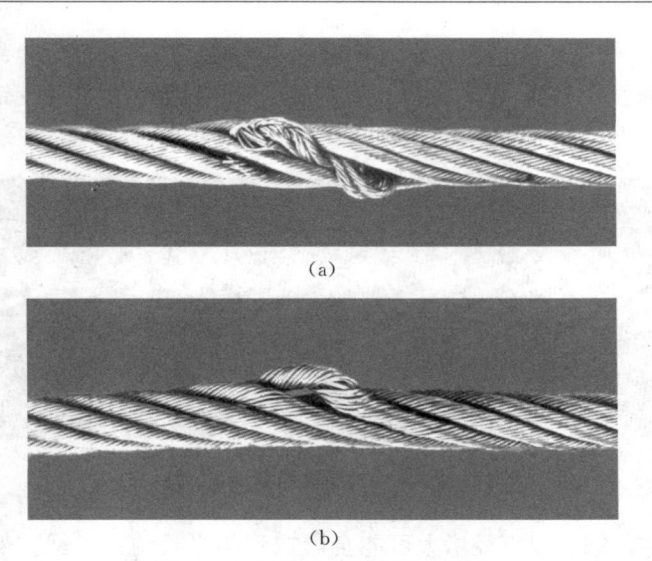

(a)

(b)

图 3-33　绳芯或绳股突出或扭曲

注：这是篮形或灯笼状畸形的一种特殊类型，其表征为股芯或钢丝绳外层股之间中心部分的突出，或者外层股或股芯的突出。

④ 钢丝的环状突出：钢丝突出通常成组出现在钢丝绳与滑轮槽接触面的背面，发生钢丝突出的钢丝绳应立即报废（图 3-34）。

图 3-34　钢丝的环状突出

注：钢丝绳外层股之间突出的单根绳芯钢丝，如果能够除掉或在工作时不会影响钢丝绳的其他部分，可以不必将其作为报废钢丝绳的理由。

⑤ 绳径局部增大：钢芯钢丝绳直径增大 5％及以上，纤维芯钢丝绳直径增大 10％及以上，应查明其原因并考虑报废钢丝绳（图 3-35）。

图 3-35　绳径局部增大

注，钢丝绳直径增大可能会影响到相当长的钢丝绳。例如纤维绳芯吸收了过多的潮气膨胀引起的直径增大，会使外层绳股受力不均衡而不能保持正确的旋向。

⑥ 局部扁平：钢丝绳的扁平区段经过滑轮时，可能会加速劣化并出现断丝。此时，不必根据扁平程度就可考虑报废钢丝绳（参见图 3-36）。

在标准索具中的钢丝绳扁平区段可能会比正常绳段遭受更大程度的腐蚀，尤其是当外层绳股散开使湿气进入时。如果继续使用，就应对其进行更频繁的检查，否则宜考虑报废钢丝绳。

（a）

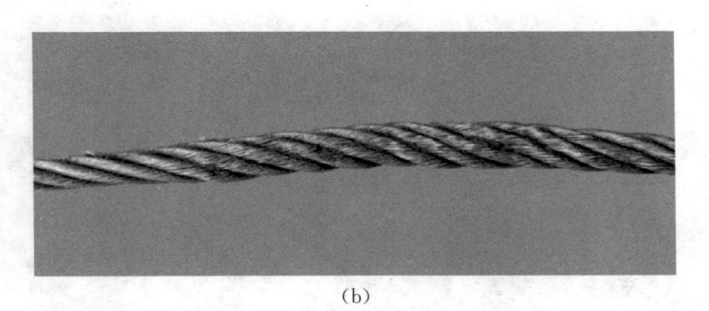

（b）

图 3-36 局部扁平

图 3-36（a）和图（b）是两种不同的扁平类型。

⑦ 扭结：发生扭结的钢丝绳应立即报废（图 3-37）。

（a）

（b）

(C)

图 3-37　扭结

注，扭结是环状钢丝绳在不能绕其自身轴线旋转的状态下被拉紧而产生的畸形。扭结使钢丝绳捻距不均。导致过度磨损，严重的扭曲会使钢丝绳强度大幅降低，

⑧ 折弯：折弯严重的钢丝绳区段经过滑轮时可能会很快劣化并出现断丝，应立即报废钢丝绳。

如果折弯程度并不严重，钢丝绳需要继续使用时，应对其进行更频繁的检查，否则宜考虑报废钢丝绳。

注：折弯的钢丝绳是由外部原因导致的一种角度畸形。

通过主观判断确定钢丝绳的折弯程度是否严重。如果在折弯部位的底面伴随有折痕，无论其是否经过滑轮，均宜看做是严重折弯。

⑨ 热和电弧引起的损伤：通常在常温下工作的钢丝绳，受到异常高温的影响，外观能够看出钢丝被加热过后颜色的变化或钢丝绳上润滑脂的异常消失，应立即报废。

如果钢丝绳的两根或更多的钢丝局部受到电弧影响（例如接引线不正确的接地所导致的电弧）应报废。这种情况会出现在钢丝绳上的电流进出点上。

二、滑车和滑车组

滑车和滑车组是施工安装的常用工具之一，它能借助起重绳索而产生旋转运动，从而改变作用力的方向。由于滑车使用方便而且便于携带，因此，在施工安装中被广泛应用，如图 3-38 所示。

图 3-38 滑车和滑车组

1. 滑车的分类

滑车一般分为定滑车和动滑车。定滑车可以改变方向，但不能省力。动滑车能省力，但不能改变力的方向。

2. 滑车组的穿绳方式

（1）滑车组绳索普通穿法。滑车组在工作时，最后引出的跑头的拉力最大，顺次至固定头受力最小，滑车在工作中不平稳。

（2）滑车组绳索穿法。跑头从中间滑轮引出，两侧钢丝绳的拉力相差较小，能克服普通穿法的缺点。

3. 滑车及滑车组使用要求

（1）使用前应查明标识的允许荷载，检查滑车的轮槽、轮轴、夹板、吊钩（链环）等有无裂缝和损伤，滑轮转动是否灵活。

（2）滑车在使用前、后都要刷洗干净，轮轴要加油润滑，防止磨损和锈蚀。

4．滑轮的报废

滑轮有下列情况之一的应予以报废：

（1）裂纹或轮缘破损；

（2）轮槽不均匀磨损达 3mm；

（3）滑轮绳槽壁厚磨损量达原壁厚的 20%；

（4）铸铁滑轮槽底磨损达钢丝绳原直径的 30%；焊接滑轮槽底磨损达钢丝绳原直径的 15%；

（5）滑轮设有的钢丝绳防跳槽装置损坏；

（6）滑轮底槽的磨损量超过相应钢丝绳直径的 25 %时，滑轮应予以报废。

三、卷扬机

是用卷筒缠绕钢丝绳或链条提升或牵引重物的轻小型起重设备，又称绞车。卷扬机可以垂直提升、水平或倾斜拽引重物。卷扬机分为手动卷扬机、电动卷扬机及液压卷扬机三种。下面以电动卷扬机为主予以介绍。

1．卷扬机的固定要求

固定卷扬机的方法大致有螺栓锚固法、水平锚固法、立桩锚固法、压重锚固法等。

（1）卷扬机必须用地锚予以固定，以防止工作时产生滑动或倾覆。

（2）根据受力大小，固定卷扬机的方法大致有螺栓锚固法、水平锚固法、立桩锚固法和压重锚固法四种。

（3）卷扬机的安装位置应能使操作人员看清指挥人员和起吊或拖动的物件，操作者视线仰角应小于 45°。

（4）在卷扬机正前方应设置导向滑车，导向滑车至卷筒轴线的距离，带槽卷筒应不小于卷筒宽度的 15 倍，及倾斜角 α 不大于 $2°$，无槽卷筒应大于卷筒宽度的 20 倍，以免钢丝绳与导向滑车槽缘产生过度的磨损。

2. 卷扬机使用要求

（1）使用皮带或开式齿轮的部分，均应设防护罩，导向滑轮不得用开口拉板式滑轮；

（2）钢丝绳的选用应符合原厂说明书规定；

（3）钢丝绳应与卷筒及吊笼连接牢固，不得与机架或地面摩擦，通过道路时，应设过路保护装置；

（4）卷筒上的钢丝绳应排列整齐，当重叠或斜绕时，应停机重新排列，严禁在转动中用手拉脚踩钢丝绳；

（5）卷扬机不准超载使用，不准用于运送人员；

（6）为防发生"跳绳"现象，要求卷扬机卷筒与第一个导向轮间距，无槽卷筒应不小于卷筒宽度的 20 倍，且导向轮应位于卷筒的中垂线上；

（7）钢丝绳不能全部出尽，钢丝绳保留在卷筒上的安全圈不应少于 3 圈。

四、卷筒

1. 钢丝绳在卷筒上的固定

分为楔块固定法、长板条固定法和压板条固定法。

2. 安全圈

为了保证钢丝绳的固定可靠，减少压板或楔块的受力，在取物装置降到下极限位置时，在卷筒上除钢丝绳的固定圈外，还应保留 3 圈以上安全圈。

3. 卷筒安全使用要求

（1）卷筒上钢丝绳尾端的固定装置，应有防松或自紧的性能。对钢丝绳尾端的固定情况，应每月检查一次。卷筒上钢丝绳放出最多时的余留部分应至少保留 3 圈，以减少绳尾固定处的拉力。

（2）卷筒筒体两端端部有凸缘，以防止钢丝绳滑出，筒体端部凸缘超过最外层钢丝绳的高度不应小于钢丝绳直径的 2 倍。

（3）卷筒与钢丝绳的直径比值不应小于 30 倍。卷筒壁磨损量达原厚的 10％时，卷筒应予以报废。

第四章　施工升降机基础知识

第一节　施工升降机简介

施工升降机是指临时安装的、带有导向的平台，吊笼或其他运载装置可在建设施工工地各层站停靠服务的升降机械。一般采用齿轮齿条啮合方式或钢丝绳提升方式，使吊笼做垂直或倾斜运动，用以运送人员和物料。

施工升降机又称人货两用施工升降机。施工升降机广泛应用于建筑施工等领域，如工业、民用建筑、桥梁、烟囱施工、井下施工等场所，是施工过程中运输工作人员和物料的主要运输设备。其具有性能稳定、安全可靠、搬运灵活、适应性强等特点，可以提高工效、降低施工人员的劳动强度。

20 世纪 80 年代，随着我国建筑业的迅速发展，高层建筑的不断增加，对施工升降机提出了更高的要求，在消化进口施工升降机的基础上，研制了 SCD200/200 型的施工升降机。该机采用了双驱动形式，专用电机、平面二次包络蜗轮减速器和锥形摩擦式双向限速器，最大额定载荷 200kg，最大提高度为 150m。该机具有较高的传动效率和先进的防坠安全器，同时也增大了额定载荷质量和提升高度，达到了国外同类产品技术性能，基本满足了施工需要，已逐步成为国内使用最多的施工升降机基本机型。进入 20 世纪 90 年代，由于超高层建筑的不断出现，施工升降机的运行速度已满足不了施工要求，更高速度的施工升降机也就应运而生，于是液压施工升降机和变频调速施工升降机先后诞生了。其最大提升速度达到了 90m/min 以上，最大提升高度均达到了 400m。但液压施工升降机综合性能低于变频调速施工升降机，所以应用甚少。同期，为了适应特殊建筑物的施工要求，还出现了倾斜式和曲线式施工升降机。

第二节　施工升降机的分类和性能

一、施工升降机的分类

1. 施工升降机划分

一般按其吊笼的驱动形式分类，可分为下列类型：

（1）齿轮齿条式

是一种通过布置在吊笼上的传动装置中的齿轮与布置在导轨架上的齿条相啮合，使吊笼沿导轨架做上下运动，来完成人员和物料输送的施工升降机。

结构特点：传动装置驱动齿轮，迫使吊笼沿导轨架上的齿条上下运动；导轨架多为单根，由导轨架节拼接组成。截面形式可分为矩形和三角形两种。导轨架多由附墙架与建筑物相连，刚性较好，导轨架加节接高多由自身辅助系统完成。吊笼布置分为双笼和单笼。吊笼上一般系有对重来平衡吊笼质量，提高运行平衡性。

（2）钢丝绳式

是由提升钢丝绳通过布置在导轨架上的导向滑轮，用设置在地面上的卷扬机使吊笼沿导轨架做上下运动的一种施工升降机。

结构特点：卷扬机牵引钢丝绳使吊笼在导轨架上运行。导轨架分单导轨架、双导轨架和复式井架等形式。单导轨架和双导轨架多由导轨架节组成，并有用于自身加节的外套架和工作平台，导轨架多由附墙架与建筑物相连接，也可采用缆风绳形式固定。复式井架为组合式拼接形式，没有导轨架节，整体一次拼接到架设高度。吊笼可分为单笼、双笼和三笼等形式。

（3）混合式

是一种把齿轮齿条式升降机和钢丝绳式升降机混合为一身的施工升降机。一个吊笼由齿轮齿条驱动，另一个吊笼采用钢丝绳提升，目前建筑施工中很少使用。

2. 施工升降机的其他分类方法

（1）按工作笼数量：分为单笼、双笼施工升降机；

（2）按有无对重：分为安装对重和不安装对重施工升降机；

（3）按导轨架安装方式：分为倾斜式和垂直式施工升降机；

（4）按速度有无变化：分为变频调速和单一速度施工升降机。

二、施工升降机型号编制方法

升降机的型号由类、组、型、特性、主参数和变型代号组成。

型号说明如下：

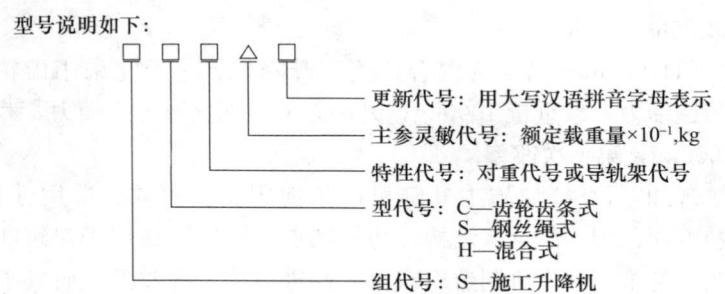

更新代号：用大写汉语拼音字母表示

主参灵敏代号：额定载重量×10^{-1},kg

特性代号：对重代号或导轨架代号

型代号：C—齿轮齿条式
　　　　S—钢丝绳式
　　　　H—混合式

组代号：S—施工升降机

1. 主参数代号

单吊笼施工升降机只标注一个数值，双吊笼施工升降机标注两个数值，用符号"/"分开，每个数值均为一个吊笼的额定载重量代号。对于 SH 型施工升降机，前者为齿轮齿条传动吊笼的额定载重量代号，后者为钢丝绳提升吊笼的额定载重量代号。

2. 特性代号

表示施工升降机两个主要特性的符号。

（1）对重代号：有对重时标 D，无对重时省略。

（2）导轨架代号：

① 对于 SC 型施工升降机：三角形截面标注 T，矩形或片式截面省略；倾斜式或曲线式导轨架则不论何种截面均标注 Q。

② 对于 SS 型施工升降机：导轨架为两柱时标注 E，单柱导轨架内包容吊笼时标注 B，不包容时省略。

例如：

SCD200/200 含义为齿轮齿条式施工升降机，方矩形导轨架节，带对重、双笼，每笼载重量 2000kg。

SC120 含义为齿轮齿条式施工升降机，方矩形导轨架节，不带对重、单笼，笼载重量 1200kg。

SCT100 含义为齿轮齿条式施工升降机，三角形导轨架节，不带对重、单笼，笼载重量 1000kg；

SS100 含义为钢丝绳式施工升降机、方矩形导轨架节、单笼，笼载重量 1000kg。

SH100/80A 含义为混合式施工升降机、一个笼采用齿轮齿条传递动力，载重量 1000kg；另一笼采用钢丝绳传递动力，载重量 800kg，第一次改型。

现如今，SC 型施工升降机由于使用安全可靠、适用性强、拆装方便、用途广泛、结构轻巧等特点，较广泛应用于建筑施工现场。各施工升降机制造厂家也对此进行了一些改型，研发了高/中/低速变频施工升降机、节能型变频施工升降机、PLC 自动停层/自动开门施工升降机等多种类型的施工升降机。但 SC 型施工升降机也存在一些缺点，如对现场电源要求较高，电量能耗较大，齿轮、齿条相对磨损较大等。

第三节　施工升降机的基本技术参数

施工升降机的基本技术参数主要分为四部分：性能信息、尺寸和质量、动力供应参数和其他信息。

一、性能信息

1. 额定载重量

设计确定的工作状态下吊笼运载的最大荷载。

2. 额定速度

设计确定的吊笼速度。

3. 最大允许高度

吊笼运行至最高上限位时，吊笼底板与底架平面间的垂直距离。

二、尺寸和质量

1. 吊笼内部空间尺寸（长×宽×高）

施工升降机是组合式设计的，经过不同搭配，可组合出不同尺寸的升降机。有些制造厂家也可以根据用户要求定做。

2. 整机质量

吊笼质量、围栏质量、导轨架总质量和对重之和。

3. 导轨架节尺寸

组成导轨架的可以互换的构件的尺寸大小。

4. 导轨架节质量（kg）

组成导轨架的可以互换的构件的质量。

5. 对重质量

有对重的施工升降机的对重质量。

三、动力供应参数

1. 电机额定功率

电机正常工作时的功率

2. 供电电压/频率（V/Hz）

施工升降机可以正常工作的电压/频率范围。

3. 最大启动电流

电气设备在刚启动时的冲击电流，是电机通电瞬间到运行平稳的短暂时间内的电流变化量，这个电流一般是额定电流的4～7倍。

四、其他信息

1. 最大附墙间距

连接导轨架与建筑物，从而支撑导轨架的构件之间最大间距。

2. 导轨架顶端自由高度

最上一道连接导轨架与建筑物，从而支撑导轨架的构件之上要求的最大导轨架节数。

3. 防坠安全器型号

防坠安全器的型号由名称代号、主参数代号和变型代号（无变型时省略）组成。如SAJ30-1.2A，其中SAJ代表施工升降机为齿轮锥鼓形渐进式防坠安全器，30代表额定制动载荷为30kN，1.2代表额定动作速度为1.2m/s，A代表第一次变型的安全器。

第四节　施工升降机的基本构造

施工升降机是由底架、导轨组合、通道防护装置、吊笼、传动系统、电气系统、限位装置和防坠安全器等构成，如图4-1所示。

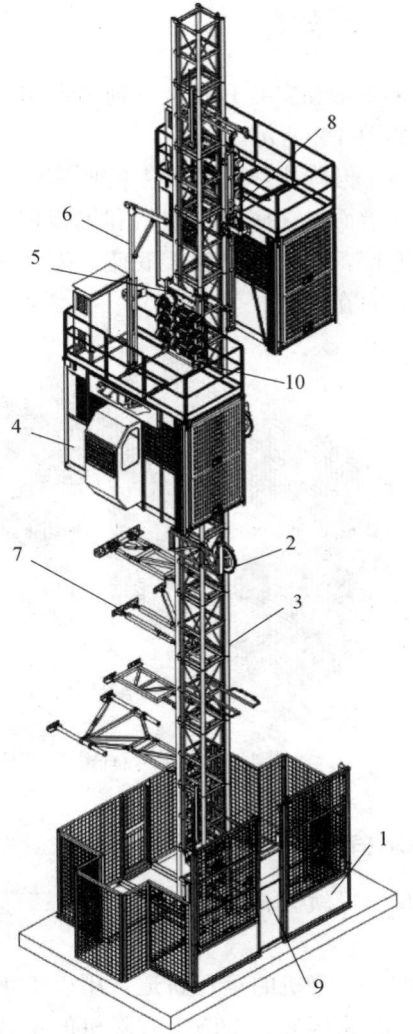

图 4-1 施工升降机结构图

1. 外笼；2. 电缆导向装置；3. 标准节；4. 吊笼；5 传动机构；6. 吊杆；
7. 附墙架；8 防坠安全器；9. 安全控制系统；10. 超载保护装置

一、底架

底架是用来支承和安装升降机其他所有组成部分的升降机最下部的构架，如图 4-2 所示。

底架承受施工升降机作用于其上的所有载荷，并能有效地将载荷传递到其支承面上。底架由型钢和钢板拼焊而成，四周与地面防护围栏相连接，中央为导轨架底座。安装时，底架通过螺栓与基础预埋件紧固在一起。

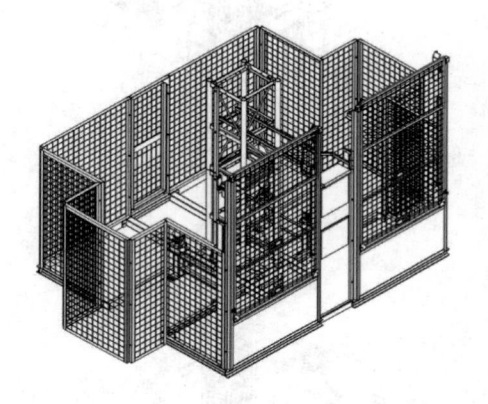

图 4-2　底架示意图

二、导轨组合

导轨组合是由导轨架、附墙架和缓冲器三部分组成的。

1. 导轨架

导轨架是施工升降机的运行轨道，用以支承和引导吊笼、对重等装置运行的金属构架，是施工升降机的主体结构之一，主要作用是支撑吊笼、荷载以及平衡重，并对吊笼运行进行垂直导向。因此，导轨架必须垂直并有足够的强度和刚度。

导轨架是由导轨架节组成的，通常称为标准节，是组成导轨

架的不可再分割的结构件，如图4-
3所示。导轨架节由无缝钢管或焊
管、角钢或冷弯型钢、钢管等焊接
而成，导轨架节装有齿条（单笼导
轨架节为1根齿条，双笼导轨架节
为2根齿条），每根齿条通过三件
内六角螺钉紧固，齿条可拆换，根
据安装高度不同，导轨架节主弦管
的壁厚配置也不相同。导轨架节的
四根主弦杆下端焊有止口，齿条下
端设有圆柱销，便于导轨架节安装
时准确定位。

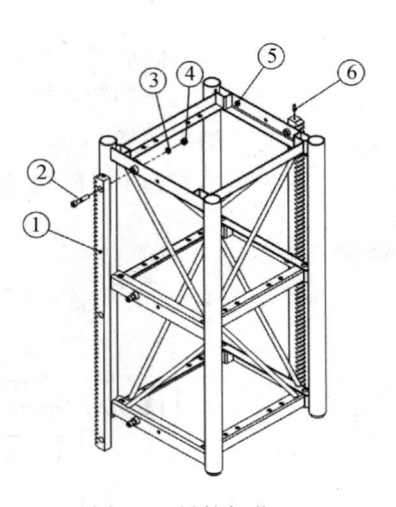

图4-3 导轨架节
1. 齿条；2. 钉；3. 弹垫；
4. 螺母；5. 标准节；6. 销子

导轨架通过附墙架与建筑物
连接。

对于双笼带对重升降机，在导
轨架节的两个无齿条立面上焊有对重滑道。滑道为角钢与扁钢的
焊接结构，为了装入对重方便，每部升降机底部的两个导轨架节
（基础节）的对重滑道采用了螺栓连接形式紧固在导轨架节上。

2. 附墙架

附墙架是导轨架与建筑物之间的连接部件，用以保持施工升
降机导轨架及整体结构的稳定。

附墙架平面与附着面的法向夹角不应大于80°，实际架设中
最上一道附墙与导轨架顶端的自由高度不应大于7.5m。导轨架
垂直度偏差应符合表4-1要求。

表4-1 导轨架垂直度偏差

导轨架设高度 h m	$h \leqslant 70$	$70 < h \leqslant 100$	$100 < h \leqslant 150$	$150 < h \leqslant 200$	$h > 200$
垂直度偏差 mm	不大于导轨假设高度的1/1000	$\leqslant 70$	$\leqslant 90$	$\leqslant 110$	$\leqslant 130$

施工升降机附墙架一般有Ⅰ型、Ⅱ型、Ⅲ型和Ⅳ型，实际使用时方便安装、拆卸和维护。

（1）Ⅰ型附墙架

仅供单吊笼施工升降机选用，如图4-4所示。

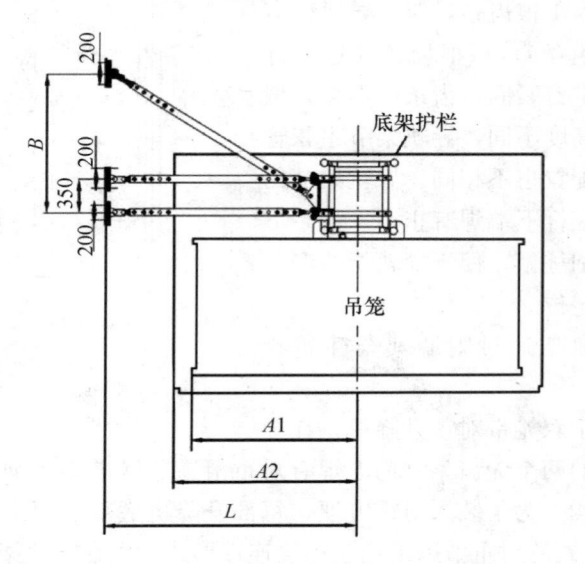

图4-4　Ⅰ型附墙架

（2）Ⅱ型附墙架

可供有对重或无对重、有驾驶室或无驾驶室的单吊笼或双吊笼施工升降机选用。当工地现场具有脚手架或登楼连接平台时，此附墙架可以替代Ⅲ型附墙架使用，如图4-5所示。

（3）Ⅲ型附墙架

适用范围与Ⅱ型附墙架相同。此附墙架必须配置过道竖杆、短前支撑及过桥联杆（效果：使用登楼连接平台可直接搁置在导轨架上），如图4-6所示。

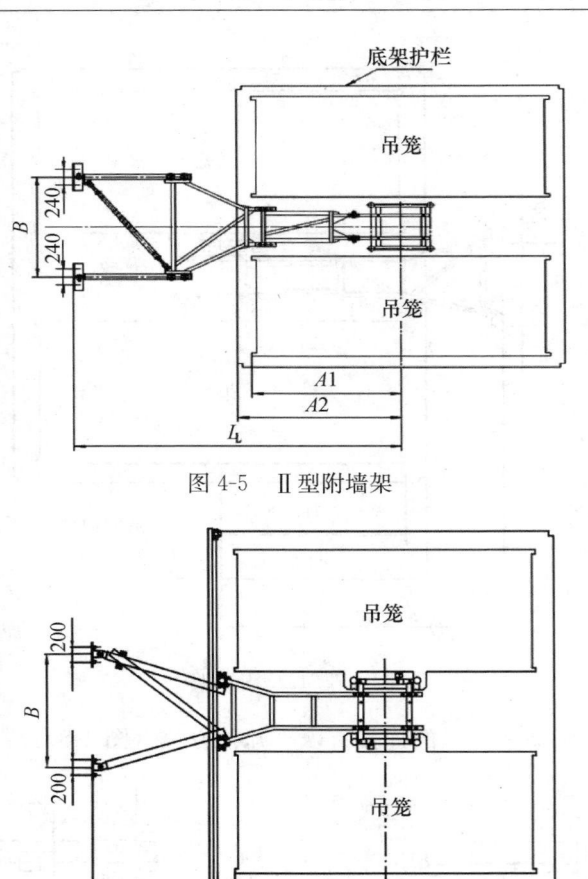

图 4-5 Ⅱ型附墙架

图 4-6 Ⅲ型附墙架

（4）Ⅳ型附墙架

单吊笼或双吊笼、无对重、无驾驶室的施工升降机选用，如图 4-7 所示。

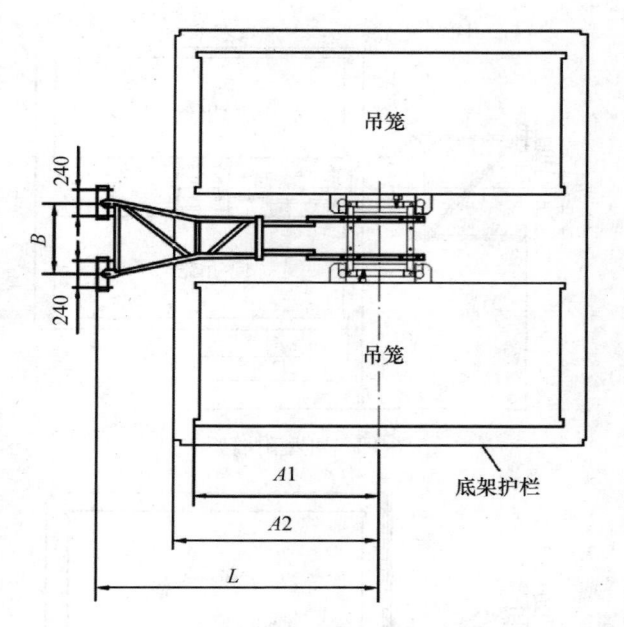

图 4-7　Ⅳ型附墙架

（5）附墙架与墙的连接有以下几种方式（图 4-8）：

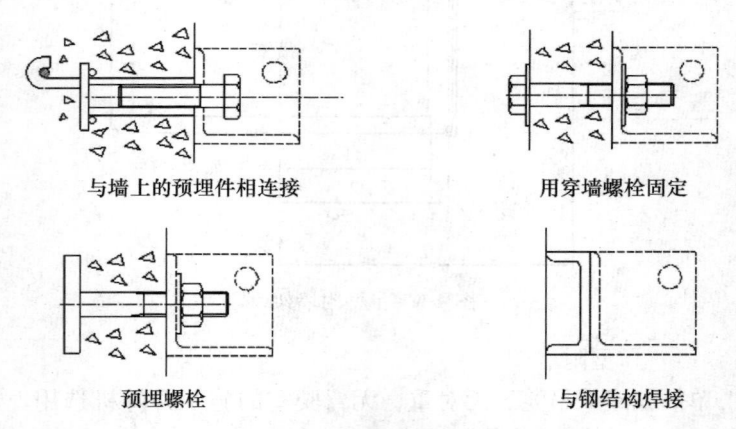

图 4-8　附墙架与墙的连接方式

附墙架最大安装间距及最大悬臂端高度。

各类附墙架必须按规定间距附着在建筑物上，各类附墙架的最大附墙间距和最大悬臂端高度应与说明书一致。

3. 缓冲器

缓冲器是在吊笼和对重运行通道最下方的缓冲装置。如图4-9所示。

缓冲器是吊笼下行时的最后一道安全装置。其作用是：当吊笼（或对重）超越极限开关所控制的位置，以至撞击缓冲器时，由缓冲器吸收或消耗吊笼（或对重）的能量，从而使其安全减速直至停止。

缓冲弹簧采用了具有大承载能力、短工作行程等特点的蜗卷弹

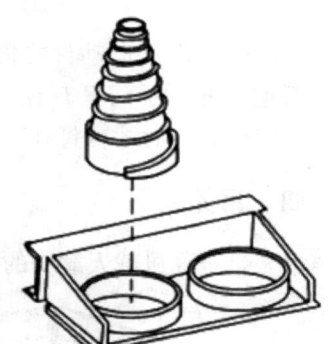

图4-9 吊笼缓冲装置

簧，它安放在正对吊笼底部丁字板下方的弹簧座圈里。带对重升降机还为对重设置了缓冲弹簧，以减缓吊笼失控时对地面的冲击。对重缓冲弹簧采用了圆柱螺旋弹簧。双笼升降机每个对重下设置一个缓冲弹簧，单笼升降机每个对重设置两个缓冲弹簧。

三、通道防护装置

通道防护装置可防止人员被运动件伤害和从升降机上坠落。一般由地面防护围栏和各层站入口处的层门组成。

1. 地面防护围栏

地面防护围栏应围成一周，高度应不小于2.0m，所有吊笼和运动的对重都应在地面防护围栏的包围内。围栏登机门应具有机械联锁装置和电气安全开关，使吊笼只有位于底部规定位置时，围栏登机门才能开启，而在该门开启后吊笼不能启动。围栏

门的电气安全开关可不装在围栏上，对重应置于地面围栏内。为便于维修，围栏可另设入口门，该门只能从里面打开。

2. 各层站入口处的层门

层站是建筑物或其他固定结构物上供运载装置装载和卸载的地点。

层门与升降机运动件之间应不可能发生碰撞，层门不应朝升降通道打开，层门只有在吊笼地板离该登机平台的垂直距离在±0.25m以内时才可打开。

四、吊笼

吊笼是升降机载人载物的部件。如图 4-10 所示。

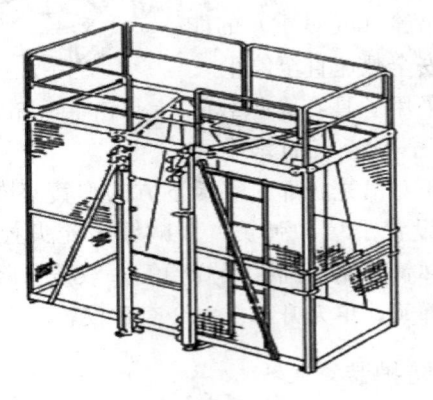

图 4-10　吊笼

吊笼内安装有升降机的传动系统、电气控制系统、运行操作开关和防坠安全器等关键部件。对于带对重的升降机，在吊笼顶部还安装有绳轮和钢丝绳架。吊笼顶部还是安装及拆卸导轨架节、附墙架、对重和其他附件的工作平台。升降机自备的起重吊杆安装座也设置在吊笼顶部。

吊笼为钢结构，由安装在吊笼上的滚轮沿导轨架运行，并设有进、出口门。吊笼顶部设有活动门，通过配备的专用梯子，可方便地攀登到吊笼顶部进行安装和维修，在安装和拆卸时，吊笼顶部可作为工作平台，由笼顶护栏围住。

吊笼上装有电气联锁装置，当笼门开启时吊笼将停止工作，确保吊笼内人员的安全。吊笼一侧装有司机室，供司机操作使用。全部操作开关均设在司机室内。

吊笼的主要承力结构是主立柱和上、下纵梁。主立柱分左右两根，用槽钢（14 号槽钢）加工而成。立柱上有传动机构和安全器底板的安装孔、导向滚轮组的安装孔和安全护钩的安装孔，两根立柱与底部丁字板和上横梁（10 号槽钢）焊接成门式结构，上、下纵梁呈外八字形与主立柱焊接，使吊笼结构的主体具有较好的刚性。为了减轻自重，上纵梁采用工字钢，下纵梁用钢板焊接成变截面工字钢结构。

在吊笼结构中使用了角钢（36×4）做底框、顶框、门框和拉杆。吊笼的底板用厚 3mm 的花纹钢板铺设，顶板使用厚 1.5mm 的钢板，四周折出 110mm 高的安全围沿。顶板上设有可供出入的紧急安全出口。

吊笼的前、后面设有吊笼门，供人员和货物进出。根据施工使用条件，通常吊笼前门为单扇直开门，门由下向上开启。后门为双扇对开门，上扇门由对分处向上推开的同时，下扇门由钢丝绳带动其沿门滑道向下滑开。吊笼门由单门扇、双门扇、门滑轮、绳轮、门配重、配重滑道等组成。单开门门扇是用方管焊成门扇框、上面再点焊钢丝网制成。两个门滑轮在开关门时起导向作用，门的下面两侧焊有挂耳，钢丝绳拴在挂耳上绕过固定在吊笼上的门绳轮与门配重相连。

五、传动系统

传动系统包括驱动体和驱动单元，驱动体是将传动装置相互连接成整体结构的部件，它将驱动单元产生的驱动力传递给吊笼，使之能够上下运行。驱动单元是施工升降机运行的动力部分，该机由一组或几组动力源同时工作、共同作用，带动施工升降机自重部分及吊笼内载荷（或施工人员）上下运行。驱动单元由驱动齿轮、减速器、联轴器（梅花形弹性元件）、电动机（带制动器）等组成。

根据施工升降机型号的不同，减速器主要有圆弧圆柱蜗杆减速器、锥齿圆柱齿轮减速器和蜗轮蜗杆斜齿轮减速器。

联轴器可根据具体情况选择，主要采用弹性挠爪式，两联轴器间有弹性元件（聚氨酯橡胶）以减轻运行时的冲击和振动。进口驱动单元中减速器和电机为一体设计，简称减速电机。

电动机为起重用盘式制动三相异步电机，其制动器电磁铁可随制动盘的磨损实现自动跟踪（进口减速电机不能自动跟踪磨损量），且制动力矩可调。

变频调速施工升降机传动系统配置变频调速系统，能提高启（制）动的平稳性；降低启动电流及机械磨损，延长易损件寿命；提高工作效率；节约能源。

六、电气控制系统

电气系统是施工升降机的机械运行控制端口，施工升降机的所有动作都是由电气系统操纵运行。电气系统包括电控箱、电阻箱、电源箱、司机室操纵台、主控制电缆及各种限位开关等。

电源箱是施工升降机控制部分的电源供给部件。

电控箱是施工升降机电气系统的心脏部分，内部主要配有上下运行接触器、控制变压器、过热保护器、变频器（变频调速施工升降机）及断相与相序保护继电器等。

电阻箱一般固定在笼顶围栏上，电阻用来消耗变频调速施工升降机在下降过程中反馈给变频器的能量。

七、限位装置

限位装置包括上下限位开关及极限开关，变频调速施工升降机还包括上下减速限位开关，部分变频施工升降机只有一个减速限位。吊笼上下限位开关保证吊笼运行至上下指定位置时自动切断电源使施工升降机停止运行。上下减速限位开关保证施工升降机从高速挡减为低速挡。

极限开关保证吊笼在运行至上下限位后，因限位开关故障失灵而继续运行时立即切断主电源，使吊笼停止，保证吊笼往上运行不冒顶、往下运行不撞底。极限开关为非自动复位式，必须通过手工操作才能复位。经常检查所有限位装置之间的位置准确性，确保各限位、极限开关动作准确无误。

八、防坠安全器

防坠安全器是施工升降机中的重要安全装置，它能限制吊笼超速运行，有效地防止吊笼坠落事故发生。防坠安全器主要由调整螺杆、制动锥鼓、离心块、弹簧和齿轮等组成，如图 4-11 所示。

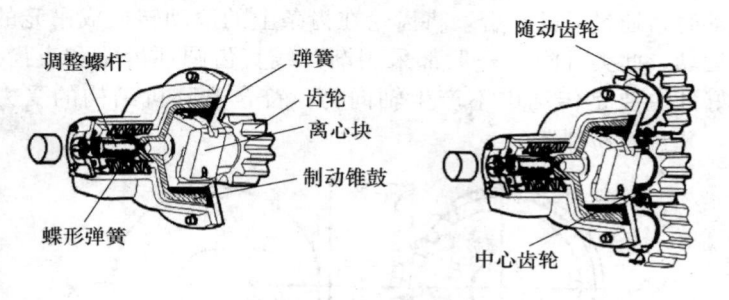

图 4-11　防坠安全器

当吊笼意外超速下降时，防坠安全器里的离心块克服弹簧拉力带动制动锥鼓旋转，与其相连的螺杆同时旋进，制动锥鼓与外壳接触逐渐增大摩擦力，确保吊笼平稳制动，同时行程开关动作，切断吊笼电源，确保人员和设备的安全。

防坠安全器分为单齿防坠安全器和三齿防坠安全器。三齿防坠安全器的制动原理同单齿防坠安全器完全一样，但具有相对较大的制动力矩，适用于中、高速施工升降机。

安全器的激发速度在出厂时都已调整准确并打好铅封，用户严禁擅自打开安全器。

安全器铭牌上标有使用期限，一般使用期限不得超过一年。当达到使用期限后应送交生产厂商或检测机构进行重新校验标定。安全器的使用寿命为五年。

第五节　施工升降机的基本工作原理

一、齿轮齿条式施工升降机原理

齿轮齿条式施工升降机是采用齿轮齿条啮合方式传递动力，使吊笼沿导轨上下运动的升降机。如图 4-12 所示，齿条固定在导轨架上，传动系统安装在吊笼内，当传动系统输出轴端的小齿轮转动时，通过齿的啮合，将齿轮在齿条上的滚动转换成吊笼的垂直运动。此类升降机一般都采用渐开线直齿圆柱齿轮和直齿条，其好处主要是传动中不产生轴向力，符合升降机结构的受力要求，并且容易制造。

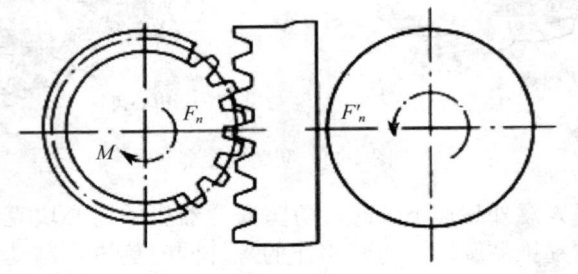

图 4-12　工作原理

齿轮齿条的主要技术参数为：模数 $m=8$、压力角 $a=20°$、小齿轮齿数 $Z_1=15$、分度圆直径 $D_1=120mm$，齿宽 $b=40mm$，齿条长 1508mm，齿条截面 $40mm×60mm$。在图 4-11 中，M 是传动系统输出的转矩，F_n 是因压力角产生的径向力。齿条的另一侧安装有导轮，其轮缘与齿条背接触，接触力 F'_n 与小齿轮所受的径向力 F_n 相平衡。

二、齿轮齿条式升降机的构造

传动系统的功能是输出和传递动力，使升降机上下运行。传动系统是升降机的心脏，它决定了升降机的提升速度和承载力等主要技术参数。传动系统主要由带制动器的电动机、减速器、传动销、小齿轮、导轮构成的传动单元和安装底板组成，如图 4-13 所示。

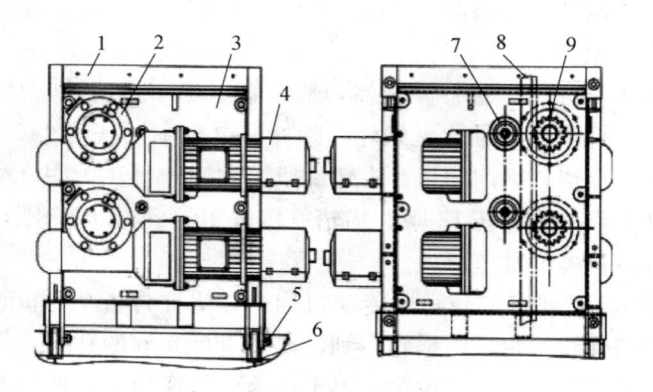

图 4-13　传动系统

1—驱动架；2—减速器；3—传动底板；4—电动机；
5—连接销轴或传动销；6—吊笼；7—导轮；8—齿条；9—小齿轮

1. 减速机

为了获得大的传动比、较小的外廓尺寸并使传动系统合理地占用吊笼空间，升降机一般都采用蜗轮蜗杆减速。也有的升降机采用行星齿轮减速，但因该传动系统要垂直于安装底板，轴向伸伸量大，当传动系统布置在吊笼内时，占用吊笼有效空间较多，因此这种减速机一般较少采用，但吊笼顶置式传动系统还是有采用的。

减速器也叫减速箱，是将高速回转运动变为低速回转运动的一种机械装置，减速器种类繁多，SC 系列施工升降机采用的是 SC125 型平面二次包络环面蜗杆减速器。这是一种新型的传动装置，其承载能力大，传动效率高，结构紧凑、合理。

SC125 型蜗杆减速器的主要技术性能：

蜗杆头数　　　　　　　　　$Z_1 = 3$；

蜗轮齿数　　　　　　　　　$Z_2 = 48$；

减速比　　　　　　　　　　$i = 16$；

蜗轮蜗杆法面模数　　　　　$m_1 = 4.125$；

中心距　　　　　　　　　　$a = 125\mathrm{mm}$。

对于 SC125 型蜗杆减速器，输入轴（也叫高速轴）是蜗杆，输出轴（也叫低速轴）是蜗轮，蜗杆从电机主轴获得 1400r/min 的转速，因蜗杆采用的是 3 头螺旋线，故蜗杆每转 1 圈，蜗轮就转过 3 个齿，蜗杆转 16 圈，蜗轮就转过 48 个齿，即一圈，这就是蜗杆减速器的减速原理。

在 SC 系列施工升降机传动机构中，蜗杆将 1400r/min 的旋转运动传递给蜗轮，而蜗轮得到的是约 90r/min 的转动，然后通过蜗轮轴，传递给爬行齿轮，由于齿条的反作用，就使吊笼获得了 35m/min 的升降速度。

和普通圆柱蜗杆传动相比，平面二次包络环面蜗杆传动具有传动效率高、承载能力大的特点。平面二次包络环面蜗杆传动是多齿啮合和双接触线接触，润滑条件好，当量曲率大，而且齿面又可淬硬磨削，加工精度高，因此其传动效率高，承载能力大。

蜗杆用 40Cr 钢制造，表面氮化处理，硬度 HV≥600。蜗杆输入轴端为矩形花键。蜗轮轮缘用铸锡青铜 ZQSn10－1 制造，减磨性好。蜗轮轮毂用 45♯钢制造。轮缘与轮毂用 6 个铰制孔螺栓连接紧固。蜗轮轴用 40Cr 钢制造。蜗轮与蜗轮轴用双键连接，轴的输出端为矩形花键，与小齿轮的内花键配合。减速机的箱体是钢件焊接后加工的。蜗杆轴输入端用一个圆柱向心滚子轴承支承，尾端用两个圆锥滚子轴承面对面安装在轴承套里，以平衡蜗杆传动中的轴向力。轴承套的作用是用来调整蜗杆轴的轴向位置。蜗轮轴的两端使用了大小不同的两个圆锥滚子轴承，输出端承受弯矩大，使用的轴承大。减速箱蜗轮、蜗杆轴的伸出端采用了双唇骨架式密封圈，防止箱体内润滑油的泄漏和外界灰尘的侵入，减速机使用了黏度较高的 N320 工业齿轮油。

2. 联轴器

联轴器的作用是将电动机的输出转矩传递给减速机，升降机上使用的联轴器为弹性橡胶块联轴器，这种联轴器的好处是可以减少振动，还能补偿安装时电机输出轴与减速机输入轴的同轴度误差。

联轴器由两个半联轴器（甲乙结合子）和橡胶块组成，其中一个有内花键孔的半联轴器（甲结合子）与蜗杆轴输入端花键配合，另一个半联轴器（乙结合子）与电机输出端用平键连接。在两个半联轴器之间装有橡胶块，用以传递转矩。两个半联轴器用锻钢件制造。为使传动系统运转平稳，半联轴器的外径在结构允许的情况下应尽量大些，以获得较大的转动惯量。

3. 导轮

导轮的作用是平衡齿轮齿条啮合传动时的径向力。导轮与小齿轮在同一水平线上，其圆周面与齿条背接触，吊笼升降时导轮在齿条背上滚动。

导轮由导轮、导轮轴、轴套、轴承等零件组成。轴套为一个偏心套，周边加工有四个方槽，用以调整导轮与齿条背之间的间隙，从而满足齿轮齿条径向啮合间隙要求。

4. 小齿轮

小齿轮装在蜗轮轴输出端花键上，通过小齿轮与齿条的啮合，使吊笼上下运行。小齿轮用 40Cr 钢锻件制造，齿面淬火处理，模数 $m=8$，齿数 $Z_1=15$。

5. 电动机

SC 系列施工升降机选用 YZEJ·A132M－4 型起重用盘式制动三相异步电动机，它是根据国外同类先进产品生产的新型制动电动机，其制动部位的电磁铁随制动片的磨损能自动跟踪调整与衔铁间的距离。该电动机具有启（制）动平缓的优点，对机械设备的冲击小，结构简单，操作方便，安全可靠，是施工升降机的专用电机，如图 4-14 所示。

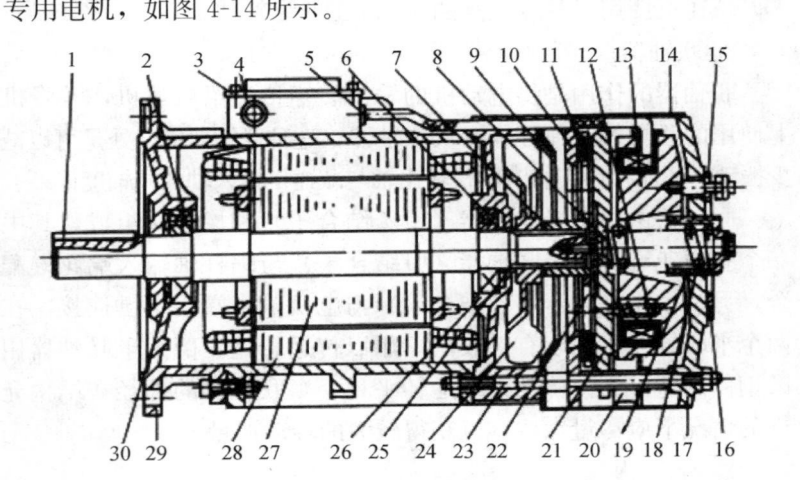

图 4-14　电动机结构示意图

1—键；2—前轴承；3—接线盒盖；4—电机引线护套；
5—电磁铁引线护套；6—后轴承；7—垫；8—轴头挡圈；9—风罩；
10—固定制动盘；11—制动块；12—辅弹簧；13—电磁铁；14—防护罩；
15—螺栓；16—拉手；17—后盖；18—主弹簧；19—调整套；
20—止退器；21—衔铁；22—制动盘；23—螺杆；24—风叶；25—轴套；
26—后端盖；27—转子；28—有绕组定子机座；29—前端盖；30—波形垫圈

YZEJ・A132M-4 型电动机的主要技术参数：

额定功率　　　　　　　　11kW；

额定电压三相交流　　　　380V；

额定转速　　　　　　　　1400r/min；

堵转转矩/额定转矩　　　　2.6；

额定电流　　　　　　　　23A；

制动器工作电压（直流）　195V；

制动器工作电流（直流）　0.8A；

制动器制动力矩　　　　　120N・m。

YZEJ・A132M－4 型电动机由两部分组成：电动机部分是封闭自扇冷式三相交流异步电动机；制动部分是具有改善电动机启（制）动性能和保持制动电磁铁与衔铁间恒定间隙的自动跟踪调整功能的直流盘形制动器。YZEJ・A132M-4 型电动机的工作原理如下：

（1）当电动机未通电时，由于主弹簧 18 通过衔铁 21、压紧制动块 11 的作用，电动机处于制动状态；

（2）当电动机通电时，电磁铁 13 产生磁场，通过主、辅弹簧 18、12 和止退器 20 的作用，使衔铁 21 逐步吸合，制动盘 22 带动制动块 11 渐渐摆脱制动状态，电动机逐渐启动运转；

（3）电动机断电时，由于电磁铁磁场释放的制约作用，衔铁通过主、辅弹簧的作用逐步增大对制动块的压力，使制动力矩逐步增大，达到电机平缓制动的效果，从而减少机械设备的冲击振动，并使乘载人员感到舒适平稳。

（4）启用新电机或长期不用的电机时，需要用 500 伏兆欧表测量电机绕组间的绝缘电阻不低于 $0.5M\Omega$，否则应做干燥处理后方可使用。

（5）直流制动器单独通电，将直流 195V 电压加至线圈，检查吸合和释放是否正常，有无卡阻和异常声响，四角吸合和释放

是否一致，吸合后用塞尺检查衔铁与制动块的间隙，一般在
0.5～0.7mm 之间。

6. 底板

减速机和导轮安装在一块底板上，底板安装固定在吊笼立柱
上，以实现小齿轮与齿条的正确啮合及导轮与齿条背的接触。

底板用 A3 钢板制成，底板上加工有减速箱的安装定位孔、
紧固螺纹孔、导轮的安装定位孔以及为让出电机与减速机的连接
部位并减轻底板质量而加工出的方孔。底板上还焊有上、下两个
挡块，两挡块距离齿条背有 5mm 的间隙。其作用是：若导轮或
吊笼上的滚轮失去作用，挡块将限制小齿轮在径向力作用下的横
向位移，防止齿轮脱离齿条。底板的两侧边各有三个紧固螺栓
孔，用以将底板安装紧固在吊笼立柱上。紧固螺栓孔为长孔，目
的是通过底板的横向移动调节齿轮、齿条的啮合间隙。

升降机的传动系统根据额定载重量的需要，分为单（减速
机）传动和双传动、三传动。其中双传动应用的最为普遍，与单
传动相比其优点首先是升降机运行的安全性好，其次是由于双传
动有两个小齿轮同时与齿条啮合，可减小齿的受力，降低磨损。

采用双传动系统，在不带对重的情况下，吊笼的额定载重量
为 1000kg，带对重时，额定载重量为 2000kg。

第五章　施工升降机安全保护装置及主要零部件

第一节　施工升降机安全保护装置

为确保施工升降机安全运行，在外笼、吊笼、导轨架、传动系统、电气系统中分别设置了机械和电气安全保护装置。安全保护装置是施工升降机的重要组成部分。国家标准中都有严格要求，使用中必须灵敏可靠，安全保护装置因制造厂家不同，安装位置也有一定区别。

一、机械安全装置

1. 安全护钩

齿轮齿条式施工升降机吊笼上沿导轨设置的安全钩不应少于 2 对。安全钩应能防止吊笼脱离导轨架或防坠安全器输入端齿轮脱离齿条。如图 5-1 所示。

2. 导轮挡块

防止齿轮脱离齿条。如图 5-2 所示。

3. 机械门锁

主要包括围栏门、吊笼门机械联锁开关。

5—1　安全护钩

图 5-2 导轨挡块

吊笼门机械联锁开关是防止吊笼运行中笼门被打开的装置。如图 5-3（a）、5-3（b）所示。

围栏门机械联锁开关是防止人员进入吊笼底部的装置。如图 5-3（c）所示。

（a）　　　　　　　　　（b）　　　　　　　　　（c）

图 5-3　机械门锁

（a）内笼门机械锁；（b）外笼门机械锁；（c）围栏门机械锁

4. 缓冲弹簧

是吊笼和对重冲底时的缓冲装置。如图 5-4 所示。

图 5-4　缓冲弹簧

5. 防护围栏

其作用是限制人员随意进入。如图 5-5 所示。

图 5-5　防护围栏

二、电气安全装置

电气安全控制系统由电路里设置的各种安全开关装置及其他控制器件组成。在升降机运行发生异常情况时，将自动切断升降机电源，使吊笼停止运行，以保护升降机的安全。如图 5-6 所示。

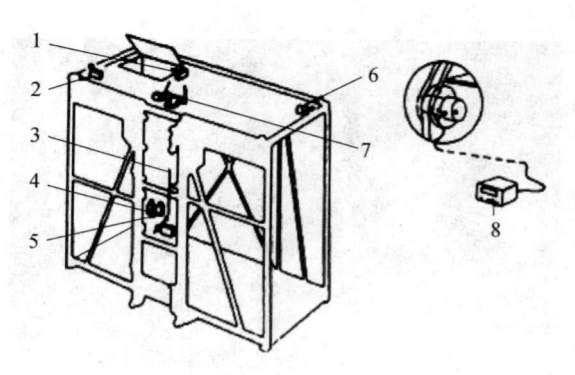

图 5-6　电气安全装置

1—救生窗开关；2—单开吊笼门开关；3—极限开关；4—上限位开关；

5—下限位开关；6—双开吊笼门开关；7—防松绳开关；8—超载保护装置

施工升降机的电气安全开关大致可分为行程安全控制、安全装置联锁控制和电路安全装置三大类。

1. 行程安全控制开关

行程安全控制开关是指当施工升降机的吊笼超越了允许运动的范围时，能自动停止吊笼的运行。主要有行程限位开关、减速开关和极限开关。

（1）行程限位开关

上下行程限位开关安装在吊笼安全器底板上，当吊笼运行至下限位位置时，限位开关与导轨架上的限位挡板碰触，吊笼停止运行，当吊笼反方向运行时，限位开关自动复位。

上限位开关的安装位置：当额定提升速度小于 0.8m/s 时，触板触发该开关后，上部安全距离不应小于 1.8m，当额定提升速度大于或等于 0.8m/s 时，触板触发该开关后，上部安全距离应满足下式的要求：

$$L = 1.8 + 0.1v^2$$

式中　L——上部安全距离的数值（m）；

　　　v——提升速度的数值（m/s）。

（2）减速开关

变频调速施工升降机必须设置减速开关，当吊笼下降时在触发下限位开关前，应先触发减速开关，使变频器切断加速电路以避免吊笼下降时冲击底座。

（3）极限开关

施工升降机必须设置极限开关，极限开关由上下极限开关组成，如果吊笼在运行时上下限位开关出现失效，超出限位挡板并越程后，极限开关须切断总电源使吊笼停止运行。极限开关应为非自动复位型开关，其动作后必须手动复位才能使吊笼重新启动。在正常工作状态下，下极限开关挡板的安装位置，应保证吊笼碰到缓冲器之前，极限开关应首先动作。

上限位开关与上极限开关之间的越程距离：齿轮齿条式施工升降机不应小于 0.15m，钢丝绳式施工升降机不应小于 0.5m。下极限开关在正常工作状态下，吊笼碰到缓冲器之前，触板应首先触发下极限开关；极限开关不应与限位开关共用一个触发元件。

2. 安全装置联锁控制开关

当施工升降机出现不安全状态，触发安全装置动作后，能及时切断电源或控制电路，使电动机停止运转。该类电气安全开关主要有防坠安全器安全开关和防松绳开关两种。

（1）防坠安全器安全开关

防坠安全器动作时，设在安全器上的安全开关能立即将电动机的电路断开，制动器制动。

（2）防松绳开关

施工升降机的对重钢丝绳数量为两条时，钢丝绳组与吊笼连接的一端应设置张力均衡装置，并装有由相对伸长量控制的非自动复位型的防松绳开关。当其中一条钢丝绳出现的相对伸长量超过允许值或断绳时，该开关将切断控制电路，同时制动器制动，使吊笼停止运行。

对重钢丝绳采用单根钢丝绳时,也应设置防松(断)绳开关,当施工升降机出现松绳或断绳时,该开关应立即切断电机控制电路,同时制动器制动,使吊笼停止运行。

(3)门安全控制开关

当施工升降机的各类门没有关闭时,施工升降机就不能启动;而当施工升降机在运行中把门打开时,施工升降机吊笼就会自动停止运行。该类电气安全开关主要有:单行门(双行门)、顶盖门、围栏门等安全开关。

3. 电路安全装置

(1)错相、断相保护器

电路应设有相序和断相保护器。当电路发生错相或断相时,保护器就能通过控制电路及时切断电动机电源,使施工升降机无法启动。

(2)超载保护装置

超载保护装置是用于施工升降机超载运行的安全装置。当质量传感器得到吊笼内载荷变化而产生微弱信号,输入放大器后,将 AD 信号转换成数字信号,再将信号送到微处理器进行处理,其结果与所设定的动作点进行比较,如果通过所设定的动作点,则继电器可正常工作。当载荷达到额定载荷的 90% 时,警示灯闪烁,报警器发出断续声响;当载荷接近或达到额定载荷的 110%时,报警器发出连续声响,此时吊笼不能启动。

(3)热继电器

热继电器是电动机的过载保护元件,当电动机发热超过一定温度时,热继电器就及时分断主电路,电动机失电停止转动。热继电器的工作原理是流入热元件的电流产生热量,使有不同膨胀系数的双金属片发生形变,当形变达到一定程度时,就推动连杆动作,使控制电路断开,从而使接触器失电,主电路断开,实现电动机的过载保护。

（4）短路保护

电气安全装置的回路短路或由于与金属构件接触而造成短路，短路保护装置立即停止机器的运动。

（5）急停按钮

当吊笼在运行过程中发生各种原因的紧急情况时，司机能在任何时候按下急停按钮，使吊笼停止运行。急停按钮必须是非自行复位的安全装置。

三、防坠安全器

当吊笼因故障而引起失速下坠时，防坠安全器开始动作并使制动力矩逐渐增加，在一定的距离内将吊笼平稳制动，从而保证乘员的生命安全和设备的完好无损。

以下会详细讲解防坠安全器的相关知识。

第二节 施工升降机防坠安全器的工作原理

一、防坠安全器

SAJ 型防坠安全器是 SC 型施工升降机中的重要安全装置，它能限制吊笼超速运行，有效地防止吊笼坠落事故发生。当吊笼失速下坠时，防坠安全器开始动作并使制动力矩逐渐增加，在一定的安全距离内将吊笼平稳制动，从而保证乘员的生命安全和设备的完好无损。根据国家标准规定，防坠安全器的寿命为 5 年，有效标定期限为 1 年。

二、防坠安全器的型号和分类

防坠安全器种类很多，按其制动形式分有：渐进式安全器、瞬时式安全器、匀速式安全器。齿轮齿条式施工升降机应使用渐进式防坠安全器，如图 5-7 所示。

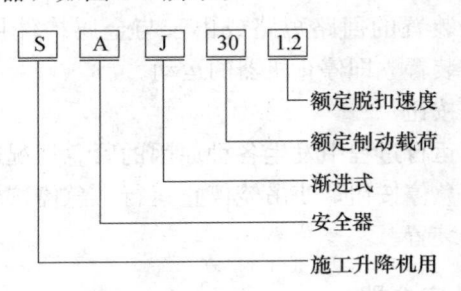

性能参数和安装尺寸

性能参数/型号	SAJ30-1.2	SAJ30-1.6	SAJ40-1.2	SAJ30-1.4	SAJ30-2.0	SAJ50-1.0
额定制动载荷	30kN	30kN	40kN	40kN	40kN	50kN
额定制动速度	1.2m/s	1.6m/s	1.2m/s	1.4m/s	2.0m/s	1.0m/s
标定工作速度	根据用户需要标定	根据用户需要标定	根据用户需要标定	根据用户需要标定	根据用户需要标定	根据用户需要标定
自重	37kg	53 kg	53 kg	53 kg	53 kg	52 kg

说明：1. 升降机的载荷（吊笼的自重＋额定载荷）≤安全器额定制动载荷。
  2. 标定动作速度为用户根据升降机运行速度确定的安全器动作速度，标定动作速度≤额定动作速度。

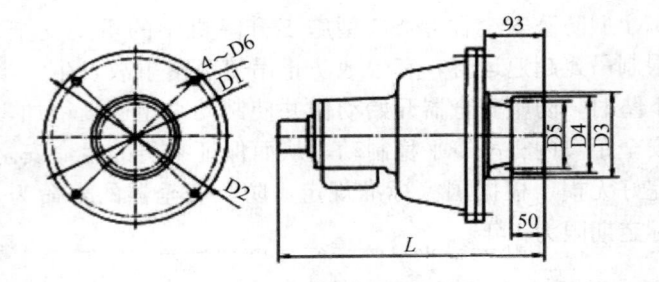

图 5-7　防坠安全器种类

三、安全器的构造与工作原理

齿轮齿条式升降机采用的防坠安全器为锥鼓渐进式安全器。在当吊笼超速时安全器动作，其制动力矩逐渐增加，使吊笼在制动时有一定的滑移距离，因此该种安全器制动平稳，无冲击，具有良好的缓冲作用。防坠安全器应能使装有 1.3 倍额定载重量的吊笼停止并保持停止状态。

安全器主要组成如图 5-8 所示。

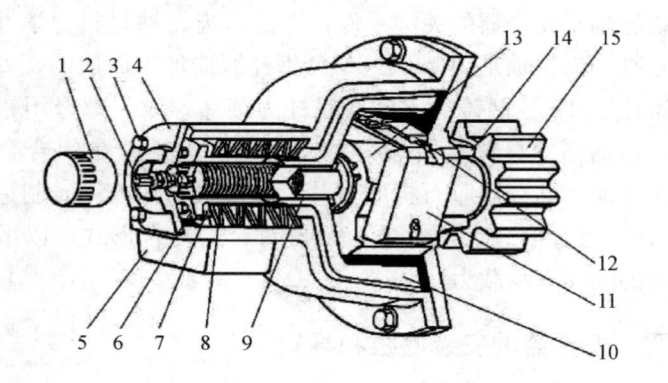

图 5-8　安全器结构示意图

1—罩盖；2—顶浮螺钉；3—螺钉；4—后盖；5—开关罩；6—螺母；
7—防转开关压臂；8—蝶形弹簧；9—轴套；10—旋转制动毂；11—甩块；
12—定位簧片；13—甩块座；14—轴套；15—齿轮轴；
12—第二螺纹；13—离心套架；14—开槽螺母

吊笼以正常速度运行时，齿轮轴的小齿轮与升降机的齿条啮合，吊笼上、下运行时，齿轮轴随着转动，离心块在弹簧力的作用下与齿轮轴上的离心块座紧贴在一起，甩块处于收回状态，微动开关处于接通状态。当吊笼运行速度超过额定限制速度时，离心块克服弹簧力向外甩出，离心块的尖端与外锥体内表面的凸缘接触，并带动外锥体旋转。装在外锥体轴端的铜螺母只能做轴向运动，而不旋转，所以当外锥体旋转时，铜螺母便向内移动并压紧蝶形弹簧。在压紧的蝶形弹簧的作用下，内外锥体接触面之间的压紧力随之逐渐增加，致使制动力矩逐渐加大，直至吊笼停止运行，达到平稳制动的目的。与此同时，尾部的微动开关动作，自动切断传动系统电路。

SCD200 型施工升降机使用的安全器是外购配套产品，制动力矩＞3000N·m，小齿轮的限定转速为 151r/min（允差±5％），根据使用需要，可通过对甩块弹簧的调整，改变小齿轮的限定转速。齿轮轴是安全器的关键零件，因此对齿轮轴材料力学性能的要求较高。齿轮轴是用 40CrNiMO 钢经锻造加工而成的。安全器的外锥体用 45 号钢铸造，尾部蜗杆为细牙螺纹，螺母用铝青铜制造，与钢制螺杆配合有较好的减磨性。内锥鼓是铝合金铸造的，内锥面上贴有橡胶石棉摩擦片。蝶形弹簧用 65Mn 制造，共装 14 片，组合形式为两片叠合后再对合的复合形式，以增加蝶形弹簧的刚性和承载力。

四、安全器的安装底板和导轮

安全器是用螺栓紧固在安装底板上的（图 5-9）。底板用 A3 钢制造，上面加工有安全器的定位孔、紧固螺纹孔、导轮的定位孔和底板与吊笼的紧固螺栓孔。和减速机底板一样，安全器底板的紧固螺栓孔也是长孔，安装时可通过横向移动底板来调整小齿轮与齿条的啮合间隙。底板上还装有导轮并焊有挡块。它们的作用与减速机底板上的导轮、挡块的作用相同。导轮的结构也与减速机底板上的导轮基本相同，只是轮的径向尺寸较大，这是由于安全器壳体直径大，造成导轮安装孔偏右的结果。

五、正常运行及坠落试验

（1）施工升降机进入正常运行时，防坠安全器上微动开关必

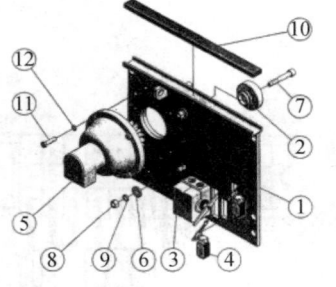

图 5-9 安全器的固定

1—安全底板；2—压板；3—总限位开关；4—行程开关；5—防坠安全器；6—垫圈；
7—螺钉；8—螺母；9—垫圈 M20；10—减振条；11—螺栓；12—垫圈 M16

须接入控制电路。

（2）施工升降机每次进入组装或拆卸工作时必须进行额定载荷坠落试验。在使用期间至少每三个月做一次额定载荷坠落试验，并把试验结果记入施工升降机档案。

（3）试验应在施工升降机无故障时进行，做试验时吊笼内不允许乘人，微动开关与控制电路参见图 5-10。

操作步骤如下：

（1）切断主电源。将地面控制按钮盒上电缆接到吊笼电器箱内标有"坠落试验"的接线座上。

（2）将地面控制按钮盒上的控制电缆理顺，防止吊笼升降时被卡住导致电缆被拉断。

（3）吊笼装上额定载荷后，接通主开关，按下地面控制按钮盒上的"向上"按钮，使梯笼升高约 10m。

（4）按下标有"向下"符号的按钮，不要松手，此时电机上的制动器松闸，吊笼即向下坠落，当达到安全器标定速度时，安全器动作从而使吊笼平稳地制停在导轨架上（注意：如果吊笼到达离地面 4m 时安全器还未能制停吊笼，应立即松开"向下"按

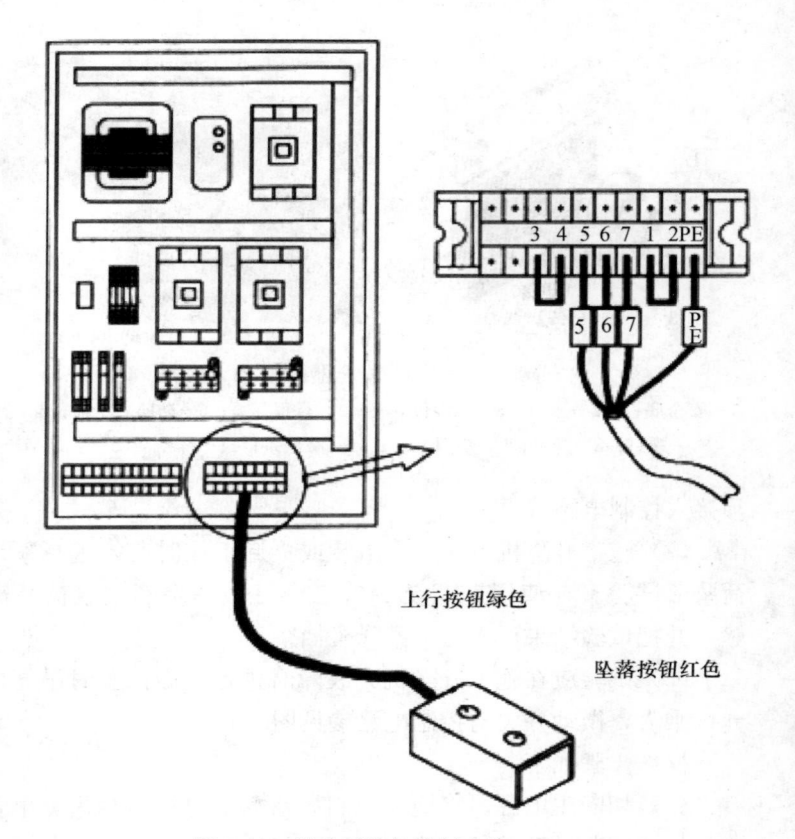

图 5-10　微动开关与控制电路

钮，电动机的制动器将控制吊笼制停，以防止出现吊笼撞击底座的现象）。

（5）正常情况下，从安全器开始动作到吊笼被制停为止，吊笼在导轨架上的制动距离应符合《施工升降机用齿轮渐近式防坠安全器》（GB/T 34025—2017）标准规定的范围。

（6）对于额定速度不大于 2.4m/s 的升降机，安全器制动距离如表 5-1 所示：

表 5-1 安全器制动距离

升降机额定速度 v m/s	安全装置制动距离 m
$v \leqslant 0.65$	$0.10 \sim 1.40$
$0.65 < v \leqslant 1.00$	$0.20 \sim 1.60$
$1.00 < v \leqslant 1.33$	$0.30 \sim 1.80$
$1.33 < v \leqslant 2.40$	$0.40 \sim 2.00$

制动距离可用下述方法计算得出：

$$S = 0.06\pi L$$

式中 S——制动距离，m；

L——指示销端部位移，mm。

（7）拆下试验电缆。

（8）遵照安全器复位说明，将安全器复位。

六、防坠安全器复位过程

操作步骤如下：

除坠落试验外，防坠安全器发生动作后应核查原因，并确保升降机电气系统正常，电线接线端子紧固无松动，接触器功能良好，无缺断相，防坠安全器限位开关动作正确，机械系统制动器、减速机、联轴器、导向滚轮及驱动齿轮等正常工作。检查无误后，切断三相开关，按照以下次序使防坠安全器复原：拆下螺钉 1 和端盖 2，拆下螺钉 3，用专用扳手 5 和撬动杠杆 4 松开铜螺母 7，直到指示销 6 的末端和防坠安全器外壳端面齐平为止（此时限位开关电路接通）。装上螺钉 3 和端盖 2，接通三相开关，驱动吊笼向上运行 20cm 以上使防坠安全器复位。对有尾部释放机构的安全防坠器，还应取下罩壳 9，用手尽量拧紧螺栓 8，然后用专用工具 4 将螺栓 8 顺时针拧动 30° 后松开，再装好罩壳 9。如图 5-11 所示。

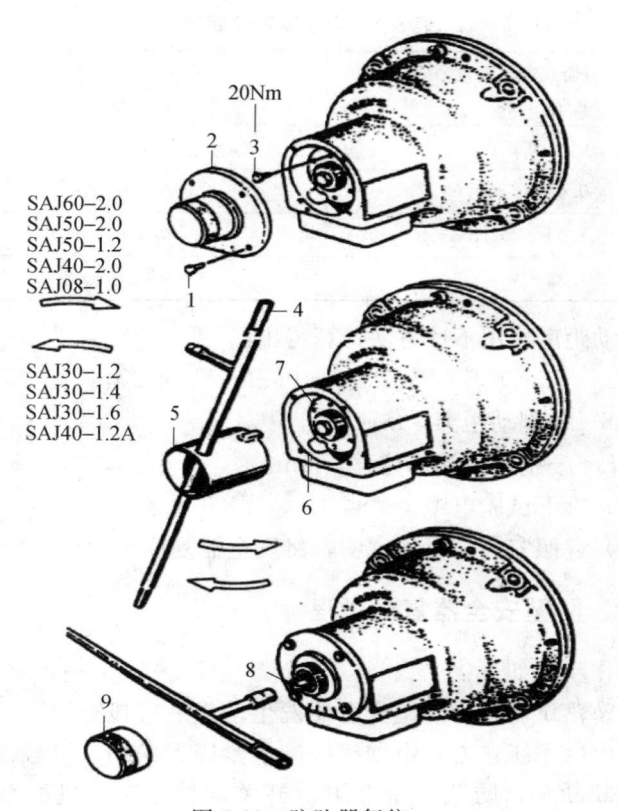

图 5-11　防坠器复位

七、防坠安全器的使用要求

1. 使用过程中必须注意防水、防淋，以免影响使用。

2. 每月一次向安全器内加注少许钙基脂 2 号润滑油。SAJ 30-1.2 黄油嘴位于外壳前盖外圆上，其他型号黄油嘴位于齿轮轴端面上。

3. 用户决不允许打开安全器铅封进行调整。

4. 防坠安全器不管使用与否，出厂后过了规定的有效期（按铭牌上的日期戳记）都必须进行年检，年检应将安全器送交指定年检单位进行检查维修并重新标定。

5. 防坠安全器安装后一定要注意齿轮齿条的啮合间隙，间隙太小可造成啮合干涉，产生异常振动与噪声，甚至损坏安全器。

安全器限位开关及指示销位置用户不得自行调整，安全器动作后应查明动作原因，排除故障后方能继续运行。

第三节　施工升降机主要零部件的技术要求及报废标准

一、缓冲器报废标准

1. 弹簧缓冲器因碰撞疲劳造成弹簧失去弹性或断裂，弹簧应报废；壳体因碰撞冲击出现裂纹时，壳体应报废。

2. 橡胶或聚氨酯缓冲器因老化失去弹性或因碰撞而破损时应报废。

3. 液压系统缓冲器因弹簧疲劳失去弹性或液压活塞及缸体磨损造成严重泄漏时应报废。

二、限位器报废标准

1. 升降限位器开关触点有损伤，磨损量达到原尺寸的 30%，或因损伤、磨损造成限位器机能失效时应报废。

2. 运行行程开关动作失灵，触点磨损量达到原尺寸的 30%，或不能可靠断电时应报废。

三、滑轮报废标准

1. 滑轮有裂纹或有破损时应报废。

2. 滑轮轮槽壁厚磨损量达到原始壁厚的 20% 时应报废。

3. 滑轮轮槽不均匀磨损量达到 3mm 时应报废。

4. 因磨损使滑轮轮槽底部直径减小量达到钢丝绳直径的 50％时应报废。

5. 滑轮有损害钢丝绳的缺陷时应报废。

四、卷筒报废标准

1. 起升卷筒有裂纹时应报废。

2. 起升卷筒有损害钢丝绳的缺陷时应报废。

3. 因磨损使绳槽底部减小量达到钢丝绳直径的 50％时或筒壁磨损达到原壁厚的 20％时，卷筒应报废。

4. 悬吊型卷筒外壳焊缝有开焊部分，悬挂吊板螺杆和吊杆连接孔磨损量达到原尺寸的 10％时，卷筒外壳及螺杆应报废。

五、制动装置报废标准

1. 制动衬料、制动环、制动带等刹车材料，当磨损量达到原厚度的 50％时应报废。

2. 制动轮有裂纹破坏时，制动轮应报废。

3. 制动轮的磨损报废：起升机构和变幅机构的制动轮轮缘表面磨损量达到原轮缘厚度的 40％时，制动轮应报废；运行机构和旋转机构的制动轮轮缘表面磨损量达到原轮缘厚度的 50％时，制动轮应报废。

4. 制动器各铰点处的销轴和销轴孔的磨损量达到原销轴直径或销轴孔直径尺寸的 5％时，销轴和带销轴孔的零部件应报废。

六、传动装置报废标准

1. 减速器漏油现象严重，修复仍不能有效解决漏油问题时，减速器应报废。

2. 减速器箱体出现裂纹等损伤，其箱体应报废。

3. 齿轮有裂纹时，齿轮应报废。

4. 齿轮有断齿时，齿轮应报废。

5. 齿面点蚀损伤达到啮合面的 30％，且深度达到齿厚的 10％时，齿轮应报废。

6. 起升和变幅机构减速器的第一级啮合齿轮，当齿厚磨损量达到原齿厚的 l0％时，齿轮应报废；其他级啮合齿轮，当齿厚磨损量达到原齿厚的 20％时，齿轮应报废。

7. 运行机构和旋转机构的第一级啮合齿轮，当齿厚磨损量达到原齿厚的 15％时，齿轮应报废；其他级啮合齿轮，当齿厚磨损量达到原齿厚的 25％时，齿轮应报废。

8. 运行机构、旋转机构和变幅机构用开式齿轮传动的齿轮，当齿厚磨损量达到原齿厚的 30％时，齿轮、齿圈、齿条等应报废。

七、主要受力构件连接结构报废标准

1. 主要受力构件的焊缝出现严重龟裂、明显的裂纹或开焊，经修复补焊仍不能达到原设计要求时应报废。

2. 主要受力构件之间采用高强度螺栓连接，曾用过的高强度螺栓或曾经预装拧紧力矩超过额定拧紧力矩 60％以上的高强度螺栓不准再使用，应报废。

八、主要受力构件报废标准

1. 主要受力构件失去整体稳定时，如不能修复应报废。

2. 主要受力构件发生腐蚀时，当承载能力降低至原设计承受能力的 87％以下时，或者是主要受力构件截面腐蚀厚度达到原壁厚的 10％时，如不能修复应报废。如做降载使用，重新确定的额定起重量对结构腐蚀后的承载能力应具有不小于 1.4 倍的安全系数，并应做全面检修及防腐处理。

3. 主要受力构件产生裂纹时，应根据受力情况和裂纹情况决定是否报废或继续使用；如果在主要受力部位有裂纹或其他部位有明显裂纹时应报废；如果不是在主要受力部位有轻微的裂纹或有裂纹隐患处，并能采取有效地阻止裂纹继续扩展的补救和加强措施或能改变应力分布的有力措施时，可以继续使用，但应经常检查。

4. 主要受力构件因过载产生塑性变形，使工作机构不能正常地安全运转，如不能修复应报废。对因主要受力构件产生的塑性变形进行修复时，不应采用大量地改变钢材金相组织和机械性能的方法，如火焰烘烤法等，但局部采用火焰烘烤改变变形，或火焰烘烤并加有相应机械措施的修复变形是允许的。

5. 主要受力构件因碰撞产生变形，影响正常使用并失去修复价值时，应报废。

6. 主要受力构件因疲劳而出现下陷、扭转等变形而影响正常使用而又无法修复时，应报废。

九、导轨架节报废标准

当导轨架节立管有腐蚀或者磨损减少至出厂厚度的 25% 时，要报废或者降级使用。

十、钢丝绳报废标准

钢丝绳达到断丝、直径减小、断股、腐蚀、畸形和损伤的报废标准时就要更换。

十一、滚轮报废标准

1. 当滚轮磨损至直径 d 小于 68mm 时，应报废更换。

2. 当齿轮磨损到二齿侧公法线长度≤35.8mm 时，应报废更换。

3. 当齿条齿厚磨损后小于 11.6mm 时，应报废。

4. 当制动片磨损至距制动盘表面 0.5mm 时应更换。

第六章　施工升降机安全使用

第一节　施工升降机驾驶员的安全职责

一、施工升降机驾驶员的安全职责

1. 认真学习贯彻执行党和国家的有关安全法规标准；

2. 严格执行上级有关部门的升降机安全操作规章制度；

3. 认真做好升降机驾驶安全检查、维修、保养工作；

4. 爱护和正确使用电气设备、工具和个人防护用品；

5. 在作业中发现不安全情况，应立即采取紧急措施，并向有关部门领导汇报；

6. 努力学习升降机驾驶操作技术，能正确处理和排除工作中的安全隐患及故障；

7. 有权拒绝违章指挥，有权制止任何人违章作业。

二、施工升降机驾驶员的岗位责任制内容

1. 严格遵守安全操作规程，严禁违章作业；

2. 认真做好作业前的检查、试运转工作；

3. 及时做好班后整理工作，认真填写试车检查记录、使用记录（一般包括运行记录、维护保养记录、交接记录和其他内容）；

4. 严格遵守施工现场的安全管理规定；

5. 做好"调整、紧固、清洁、润滑、防腐"等维护保养

工作；

6. 及时处理和报告升降机故障及安全隐患。

第二节　施工升降机的安全使用和安全操作

一、施工升降机的安全使用

1. 在每次安装、顶升后，了解以下基本信息，并验证是否满足：

(1) 最大允许独立高度；

(2) 附着间距；

(3) 导轨架顶端自由高度；

(4) 供电电压；

(5) 最大电流；

(6) 最大功率。

2. 在每次作业前，了解以下作业情况，并验证是否满足：

(1) 工作状态下的最大允许风速；

(2) 温度范围；

(3) 额定载重量；

(4) 吊笼空间尺寸；

(5) 安全保护装置齐全及可靠性；

(5) 吊笼及对重运行通道无障碍物；

(7) 安全、技术交底等所提到的特殊情况。

二、施工升降机的安全操作

1. 安全操作要求

(1) 升降机操作人员必须经过专业培训，经考试合格后方可持证上岗，身体健康，无恐高症、高血压、心脏病等疾病。

（2）当顶部风速大于 20m/s 时，不得开动升降机，当风速大于 13m/s 时，不得进行架设、接高和拆卸导轨架作业。

（3）当导轨架及电缆上结冰或者出现其他异物时，不得开动升降机。

（4）经常观察吊笼运行通道有无障碍物，电路是否脱离保护架。

（5）升降机必须始终保持所有的部件齐全、完整。

（6）升降机的基础不允许存有积水。

（7）严禁升降机操作员酒后操作，或身体有不良症状操作。

（8）严禁超载、偏载运行，不得人货混装。

（9）吊笼运行状态时，严禁开门或者将手及物品伸到吊笼以外，以免发生危险。

（10）如升降机发生故障或异常情况，务必及时通知相关维修人员，或通知生产厂家维修人员。

（11）吊装运行时必须通知所有相关人员，运行出现异常情况时立即按下急停按钮。

（12）升降机在下班后应停靠在地面站台，并切断供电电源。

（13）按要求定期进行检查、保养及做坠落试验。

（14）吊笼内的物品放置必须稳当可靠，防止倾斜或翻倒。

（15）每次检修电路，必须断开主电源，停机 10min 后才能检修。

（16）断开主电源后，若要重新使升降机运行，应先按启动按钮，接通主电源后至少 3s 后才能重新启动。

（17）不允许在吊笼内或笼顶吸烟。

（18）严禁在吊笼内放置易燃易爆物品。

（19）安装工况下，必须采用笼顶操作。

（20）按要求定期进行检查、保养及做坠落试验。

2. 作业前重点检查内容

（1）检查导轨架等结构有无变形，连接螺栓有无松动，节点有无裂缝、开焊等情况。

（2）检查附墙是否牢固，接料平台是否平整，防护是否到位。

（3）检查钢丝绳固定是否良好，断股断丝是否超标。

（4）查看吊笼和对重运行范围内有无障碍物等。

（5）电源接通前，检查地线、电缆是否完整无损，操纵开关是否置于零位。

（6）电源接通后，检查电压是否正常、机件有无漏电、电气仪表是否灵敏有效。

（7）进行以下操作，检查安全开关是否有效，应当确保吊笼均不能启动：

① 打开围栏门；

② 打开吊笼单开门；

③ 打开吊笼双开门；

④ 打开顶盖紧急出口门；

⑤ 触动防断绳安全开关；

⑥ 按下紧急制动按钮。

（8）进行空载运行，检查上下限位开关、极限开关及其碰铁是否有效、可靠、灵敏。

（9）检查各润滑部位，应润滑良好。如润滑情况差，应及时进行润滑；油液不足应及时补充润滑油。

3. 作业中的注意事项

（1）在使用过程中，司机可以通过听、看、试等方法及早发现升降机的各类故障和隐患，通过及时检修和维护保养，可以避免其零部件的损坏或损坏程度的扩大，避免事故发生。

（2）梯笼内乘人或载物时，应使荷载均匀分布，不得偏重，严禁超载运行。

（3）集中精力，严禁与他人闲谈。

（4）升降机在大雨、大雾、六级及以上大风以及导轨架、电缆等结冰时，必须停止运行，并将吊笼降到底层，切断电源。

（5）升降机运行到最上层或最下层时，严禁用行程限位开关作为停止运行的控制开关。

4. 作业结束后的安全要求

（1）工作完毕后，司机应将吊笼停靠至地面层站。

（2）司机应将控制开关置于零位，切断电源开关。

（3）司机在离开吊笼前应检查一下吊笼内外情况，做好清洁保养工作，熄灯并切断控制电源。

（4）司机离开吊笼后，应将吊笼门和防护围栏门关闭严实，并上锁。

（5）切断升降机专用电箱电源和开关箱电源。

（6）如装有空中障碍灯时，夜间应打开障碍灯。

（7）当班司机要写好交接班记录，进行交接班。

5. 安全操作的基本程序：

（1）按有关要求做好操作前的检查。

（2）操作前检查情况良好时，合上地面站主开关。

（3）合上吊笼内电源三相开关。

（4）按压标明方向符号的控制按钮，施工升降机吊笼起升。

（5）按有关条款内容集中精力驾驶施工升降机。

（6）按压停车按钮，升降机吊笼停车。

（7）如果各停靠站都装有限位撞铁作自动停层之用，则应在停层前按压反向按钮。

（8）施工升降机吊笼到达顶部或地面停靠站前应按压停车按钮，不允许用上下限位装置作顶部停靠站或地面站的停层停车之用，以防其失灵造成吊笼在顶部倾翻事故或冲击地坑的事故。

（9）若从各停靠站上操纵施工升降机，其方法如上述。

（10）若在吊笼顶部进行工作，则必须按有关条款规定用电缆将控制盒拉到吊笼顶部进行操纵，同时要把开关转到"安装"位置。

（11）若按压按钮后升降机吊笼未见起升，则应立即按停车按钮，通知管理人员排除故障。

第三节　施工升降机的检查

一、检查基本要求

施工升降机的检查分为每日检查、每周检查、每月检查、季度检查、年度检查。设备操作人员完成每日检查和每周检查，安全检查注意事项：

1. 必须由具有相关资格的人员进行对应的操作。

2. 在进行电气检查时，必须穿绝缘鞋。

3. 在进行电机检查时，必须切断主电源 10min 后才能检修。

4. 检查人员应按高处作业安全要求，包括必须戴安全帽、系安全带、穿防滑鞋等。不得穿过于宽松的衣服，应穿工作服。

5. 严禁夜间或酒后进行操作、检查。

6. 升降机运行时，操作人员的头、手绝不能伸出安全围栏外。

7. 除了进行天轮、附墙架连接、标准节连接和电缆导向装置检查时需要将吊笼停在相应检查位置之外，在进行其他检查时都应将吊笼停在底层。

二、每日检查

1. 检查外电源箱总开关、总接触器是否吸合。

2. 进行下列开关的安全检测，每次检测试验吊笼均不能启动。

（1）按下急停按钮；

（2）打开吊笼单开门；

（3）打开吊笼双开门；

（4）打开外笼门；

（5）打开各层门。

3. 检查吊笼运行通道应无障碍物，确保吊笼通畅无干涉。

4. 检查电缆是否脱离电缆保护架。

5. 检查电缆、电缆轮、标准节立管或齿轮、齿条上有无黏附如水泥或石头等坚硬杂物，如有发现，应及时清理。

三、每周检查

1. 检查吊笼门，确保吊笼门不会脱离门框轨道，可通过调整下门轮的位置，使门与两轨道之间的间隙保持一致。

2. 检查上下限位开关、减速限位开关、极限限位开关，确保它们能与碰铁正常碰触，并切断电源。

3. 逐一进行下列开关安全试验，每次试验吊笼均不能启动。

（1）打开吊笼天窗门；

（2）触动断绳保护开关。

4. 检查齿轮齿条的啮合间隙，保证最大间隙 $f \leqslant 2/3m$，齿轮、齿条最小啮合宽度为最少齿条的 90%。

5. 检查小齿轮、导轮、滚轮、附墙架、导轨架及标准节齿条的连接螺栓是否连接牢固。

6. 检查电缆托架、保护架及挑线架的连接螺栓有无松动，安装位置有无偏移。

7. 根据润滑要求，对需要进行润滑的部位进行润滑。

8. 检查减速机润滑油，如有漏油或油液不足等情况，应补充润滑油。

9. 检查电机及减速机有无异常发热，或者异常噪声。如果是变频调速升降机，则应做如下检查：

（1）检查电控箱内和电阻箱内的散热风扇是否正常转动；

（2）检查变频器电流是否超出额定值。

四、每月检查

1. 检查传动机构螺栓紧固情况，包括减速机安装螺栓、传动装置安装螺栓等。

2. 检查门配重运行时是否灵活，有无卡阻。

3. 检查吊笼及外笼门锁是否有松动或变形。

4. 检查层门碰铁位置是否有移动或松动现象。

5. 全面对整体升降机各个需日检或周检的部位大检一次。

6. 检查滚轮的磨损情况，调整滚轮与立管的间隙为 0.5mm。调整间隙时，先松开螺母，再转动偏心轴校准后紧固。

7. 根据要求，对需要进行润滑的部位进行润滑。

五、季度检查

1. 检查各个滚轮、滑轮及导向轮的轴承，根据情况进行调整或者更换。

2. 检查电机和电路的绝缘电阻及电气设备金属外壳、金属结构的接地电阻 $\geqslant 40\Omega$。

3. 按规范要求进行坠落实验，检查安全器的可靠性。

4. 根据要求，对需要进行润滑的部位进行润滑。

5. 对于调频施工升降机应做如下检查：

（1）检查变频器外部端子、单元的安装螺钉、接插件是否松动；

（2）检查电阻是否有灰尘堆积，如有则用 $4\sim6kg/cm^2$ 压力的干燥空气吹掉；

（3）检查各冷却风扇是否运转正常，有无异常声音或振动。

六、年度检查

1. 检查电缆线，如有破损或老化应立即修理和更换。

2. 检查减速机与电机间联轴器的橡胶块是否老化、破损，若有需更换。

3. 对于调频施工升降机应做如下检查：

（1）检查变频器的滤波电解电容是否有异常，如变色等；

（2）检查变频器印刷基板是否有导电灰尘及油腻吸附，如有则用 $4\sim6\mathrm{kg/cm^2}$ 压力的干燥空气吹掉；

（3）检查变频器功率元件是否有灰尘吸附，如有则用 $4\sim6\mathrm{kg/cm^2}$ 压力的干燥空气吹掉；

4. 全面检查各零部件并进行保养及更换（包括对使用期限的鉴定更换）；

5. 根据要求，对需要进行润滑的部位润滑。

七、坠落试验

首次使用的施工升降机，或转移工地后重新安装的施工升降机，必须在投入使用前进行额定载荷坠落试验。施工升降机投入正常运行后，还需每隔 3 个月定期进行一次坠落试验，以确保施工升降机的使用安全。坠落试验一般程序如下：

1. 在吊笼中加载额定载重量。

2. 切断地面电源箱的总电源。

3. 将坠落试验按钮盒的电缆插头插入吊笼电气控制箱底部的坠落试验专用插座中。

4. 把试验按钮盒的电缆固定在吊笼上的电气控制箱附近，将按钮盒设置在地面。坠落试验时，应确保电缆不会被挤压或卡住。

5. 撤离吊笼内所有人员，关上全部吊笼门和围栏门。

6. 合上地面电源箱中的主电源开关。

7. 按下试验按钮盒标有上升符号的按钮（符号↑），驱动吊笼上升至离地面约 3～10m 高度。

8. 按下试验按钮盒标有下降符号的按钮（符号↓），并保持按住这按钮。这时，电机制动器松闸，吊笼下坠。当吊笼下坠速度达到临界速度时，防坠安全器动作后把吊笼刹住。

当防坠安全器未能按规定要求动作而刹住吊笼，必须将吊笼上电气控制箱上的坠落试验插头拔下，操纵吊笼下降至地面后，查明防坠安全器不动作的原因，排除故障后才能再次进行试验，必要时需送生产厂校验。

9. 防坠安全器按要求动作后，驱动吊笼上升至高一层的停靠站。

10. 拆除试验电缆。此时，吊笼应无法启动。因当防坠安全器动作时，其内部的电控开关已动作，以防止吊笼在试验电缆被拆除而防坠安全器尚未按规定要求复位的情况下被启动。

第四节　施工升降机的维护保养与维修

一、维护保养

在机械设备投入使用后，对设备的检查、清洁、润滑、防腐以及对部件的更换、调试、紧固和位置、间隙的调整等工作，统称为设备的维护保养。

1. 维护保养的意义

为了使施工升降机经常处于完好状态和安全运转状态，避免和消除在运转工作中可能出现的故障，提高施工升降机的使用寿命，必须及时正确地做好维护保养工作。

（1）施工升降机工作状态中，经常遭受风吹雨打、日晒的侵蚀，灰尘、砂土的侵入和沉积，如不及时清除和保养，将会加快机械的锈蚀、磨损，使其寿命缩短。

（2）在机械运转过程中，各工作机构润滑部位的润滑油及润滑脂会自然损耗，如不及时补充，将会加重机械的磨损。

（3）机械经过一段时间的使用后，各运转机件会自然磨损，零部件间的配合间隙会发生变化，如果不及时进行保养和调整，磨损就会加快，甚至导致完全损坏。

（4）机械在运转过程中，如果各工作机构的运转情况不正常，又得不到及时的保养和调整，将会导致工作机构完全损坏，大大降低施工升降机的使用寿命。

2. 维护保养的分类

（1）日常维护保养

日常维护保养，又称例行保养，是指在设备运行前后和运行过程中的保养作业。日常维护保养由设备操作人员进行。

（2）定期维护保养

月度、季度及年度的维护保养，以专业维修人员为主，设备操作人员配合进行。

（3）特殊维护保养

施工机械除日常维护保养和定期维护保养外，在转场、闲置等特殊情况下还需进行维护保养。

① 转场保养。在施工升降机转移到新工地安装使用前，需进行一次全面的维护保养，保证施工升降机状况完好，确保安装、使用安全。

② 闲置保养。施工升降机在停放或封存期内，至少每月进行一次保养，重点是清洁和防腐，由专业维修人员进行。

3. 维护保养的方法

维护保养一般采用"清洁、紧固、调整、润滑、防腐"等方

法，通常简称为"十字作业"法

（1）清洁：是指对机械各部位的油泥、污垢、尘土等进行清除等工作，目的是为了减少部件的锈蚀、运动零件的磨损，保持良好的散热和为检查提供良好的观察效果等。

（2）紧固：是指对连接件进行检查紧固等工作。机械运转中的运动，容易使连接件松动，如不及时紧固，不仅可能产生漏电等现象，有些关键部位的连接松动，轻者导致零件变形，会出现零件断裂、分离现象，甚至导致机械事故。

（3）调整：是指对机械零部件的间隙、行程、角度、压力、松紧、速度等及时进行检查调整，以保证机械的正常运行。尤其是要对制动器、减速机等关键机构进行适当调整，确保其灵活可靠。

（4）润滑：是指按照规定和要求，选用并定期加注或更换润滑油，以保持机械运动零件间的良好运动，减少零件磨损。

（5）防腐：是指对机械设备和部件进行防潮、防锈、防酸等处理，防止机械零部件和电气设备被腐蚀损坏。最常见的防腐保养是对机械外表进行补漆或涂上油脂等防腐材料。

4. 维护保养的安全注意事项

在进行施工升降机的维护保养和维修时，应注意以下事项：

（1）应切断施工升降机的电源，拉下吊笼内的极限开关，防止吊笼被意外启动或发生触电事故。

（2）在维护保养和维修过程中，不得承载无关人员或装载物料，同时悬挂检修停用警示牌，禁止无关人员进入检修区域内。

（3）所用的照明行灯必须采用 36V 以下的安全电压，并检查行灯导线、防护罩，确保照明灯具使用安全。

（4）应设置监护人员，随时注意维修现场的工作状况变化，防止安全事故发生。

（5）检查基础或吊笼底部时，应首先检查制动器是否同时切断电动机电源，是否有将吊笼用木方支起等措施，防止吊笼或对重突然下降伤害维修人员。

（6）维护保养和维修人员必须戴安全帽；高处作业时，应穿防滑鞋、系安全带。

（7）维护保养后的施工升降机，应进行试运转，确认一切正常后，方可投入使用。

5. 施工升降机维护保养的内容

（1）日常维护保养的内容和要求

每班开始工作前，应当进行检查和维护保养，包括目测检查和功能测试，有严重情况的应当报告有关人员进行停用、维修，检查和维护保养情况应当及时记入交接班记录。检查一般应包括以下内容：

① 电气系统与安全装置

a. 检查线路电压是否符合额定值及其偏差范围；

b. 机件有无漏电；

c. 限位装置及机械电气联锁装置工作是否正常、灵敏可靠。

② 制动器

检查制动器性能是否良好，能否可靠制动。

③ 铭牌

检查机器上所有铭牌是否清晰、完整。

④ 金属结构

a. 检查施工升降机金属结构的焊接点有无脱焊及开裂；

b. 附墙架固定是否牢靠；

c. 停层过道是否平整；

d. 防护栏杆是否齐全；

e. 各部件连接螺栓有无松动。

⑤ 导向滚轮装置

a. 检查侧滚轮、背轮、上下滚轮部件的定位螺钉和紧固螺栓有无松动；

b. 滚轮是否转动灵活，与导轨的间隙是否符合规定值。

⑥ 对重及其悬挂钢丝绳

a. 检查对重运行区内有无障碍物，对重导轨及其防护装置是否正常完好；

b. 钢丝绳有无损坏，其连接点是否牢固可靠。

⑦ 地面防护围栏和吊笼

a. 检查围栏门和吊笼门是否启闭自如；

b. 通道区有无其他杂物堆放；

c. 吊笼运行区间有无障碍物，笼内是否保持清洁。

⑧ 电缆和电缆引导器

a. 检查电缆是否完好无破损；

b. 电缆引导器是否可靠有效。

⑨ 传动、变速机构

a. 检查各传动、变速机构有无异响；

b. 蜗轮箱油位是否正常，有无渗漏现象。

⑩ 润滑系统有无泄漏

检查润滑系统有无漏油、渗油现象。

（2）月度维护保养的内容和要求

月度维护保养除按日常维护保养的内容和要求进行外，还要按照以下内容和要求进行。

① 导向滚轮装置

检查滚轮轴支承架紧固螺栓是否可靠紧固。

② 对重及其悬挂钢丝绳

a. 检查对重导向滚轮的紧固情况是否良好；

b. 天轮装置工作是否正常可靠；

c. 钢丝绳有无严重磨损和断丝。

③ 电缆和电缆导向装置

a. 检查电缆支承臂和电缆导向装置之间的相对位置是否正确；

b. 导向装置弹簧功能是否正常；

c. 电缆有无扭曲、破坏。

④ 传动、减速机构

a. 检查机械传动装置紧固螺栓有无松动，特别是提升齿轮副的紧固螺钉是否松动；

b. 电动机散热片是否清洁，散热功能是否良好；

c. 减速器箱内油位有否降低。

⑤ 制动器

检查试验制动器的制动力矩是否符合要求。

⑥ 电气系统与安全装置

a. 检查吊笼门与围栏门的电气机械联锁装置，上下限位装置，吊笼单行门、双行门联锁等装置性能是否良好；

b. 导轨架上的限位挡铁位置是否正确。

⑦ 金属结构

a. 重点查看导轨架标准节之间的连接螺栓是否牢固；

b. 附墙结构是否稳固，螺栓有无松动，表面防护是否良好，有无脱漆和锈蚀，构架有无变形。

（6）季度维护保养的内容和要求

季度维护保养除按月度维护保养的内容和要求进行外，还要按照以下内容和要求进行

① 导向滚轮装置

a. 检查导向滚轮的磨损情况；

b. 确认滚珠轴承是否良好，是否有严重磨损，调整与导轨之间的间隙。

② 检查齿条及齿轮的磨损情况

a. 检查提升齿轮副的磨损情况，检测其磨损量是否大于规定

的最大允许值；

b. 用塞尺检查蜗轮减速器的蜗轮磨损情况，检测其磨损量是否大于规定的最大允许值。

③ 电气系统与安全装置

在额定负载下进行坠落试验，检测防坠安全器的性能是否可靠。

（7）年度维护保养的内容和要求

年度维护保养应全面检查各零部件，除按季度维护保养的内容和要求进行外，还要按照以下内容和要求进行。

① 传动、减速机构

检查驱动电机和蜗轮减速器、联轴器结合是否良好，传动是否安全可靠。

② 对重及其悬挂钢丝绳

检查悬挂对重的天轮装置是否牢固可靠、天轮轴承磨损程度大小，必要时应调换轴承。

③ 电气系统与安全装置

复核防坠安全器的出厂日期，对超过标定年限的，应由具有相应资质的检测机构进行重新标定，合格后方可使用。此外，在进入新的施工现场使用前应按规定进行坠落试验。

（8）升降机润滑要求及方法（见表6-1）

表 6-1　升降机润滑要求

项目	润滑周期	润滑部位	润滑方法	简图
1	每周	齿轮/齿条位置	涂刷油脂	
2		减速机	（观察油孔，必要时添加）	

续表

项目	润滑周期	润滑部位	润滑方法	简图
3	每月	滚轮	用油枪加注油脂	
4		配重滚轮与滑道	涂刷油脂	
5		导轨架立管	涂刷油脂	
6		限速器小齿轮	涂刷油脂	
7	每半年	减速机	换油	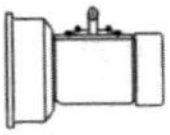

二、易损件更换

1. 齿轮更换

首次安装新的升降机之前、每次安装之前，都要对齿轮进行检查，当磨损超过图 6-1 要求时即要进行更换，建议在齿轮接近最大允许磨损值时，即提前更换。因未安装导轨架，齿轮比较容易更换，所以应在装导轨架前，将齿轮及时更换。三驱动的升降机应同时更换全部齿轮。

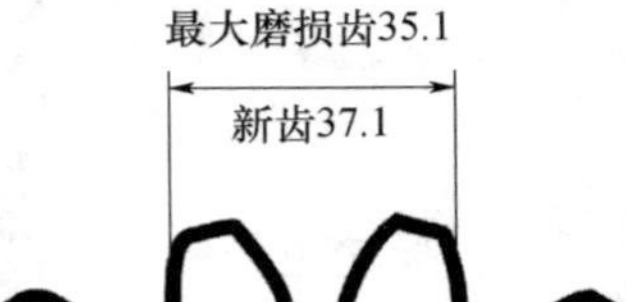

齿轮更换方法如下：

（1）将止退垫从圆螺母卡槽中分离，拆下圆螺母、止退垫及

图 6-1　最大磨损齿

平垫。

（2）用齿轮拔出器拆下齿轮。

（3）用煤油清洗轴，清洗干净后，涂上润滑油。

（4）将新齿轮装上，用木槌打入。

（5）安装平垫、止退垫及圆螺母，将止退垫其中一角嵌入圆螺母卡槽。

2. 标准节更换

标准节立管壁厚最大减少为出厂额定厚度的 25％时，此标准节必须报废或降低规格使用。

齿条更换：

（1）当齿条磨损超过如图 6-2 所示的允许磨损极限时，应进行更换。

（2）拆下紧固齿条的螺栓；取下旧齿条，清洗标准节上齿条安装孔。

（3）安装新齿条，保证齿条安装精度如图 6-3 所示，用 195N·m 的预紧力矩紧固螺栓。

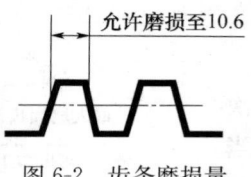
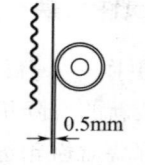

图 6-2　齿条磨损量　　图 6-3　齿条安装精度

3. 导轮更换

当导轮被磨损或其轴承损坏时应进行更换。

（1）将导轮螺母拧下，拆下旧导轮，然后换上新导轮。

（2）调整导轮与齿条的间隙为 0.5mm。

（3）用 300N·m 力矩拧紧螺栓。

4. 滚轮更换

当滚轮磨损至如图 6-4 所示尺寸时，或轴承损坏后应进行更换。

（1）拧下紧固螺母，拆下滚轮。

（2）安装新滚轮，通过调整偏心轴调整滚轮与标准节立管的间隙。

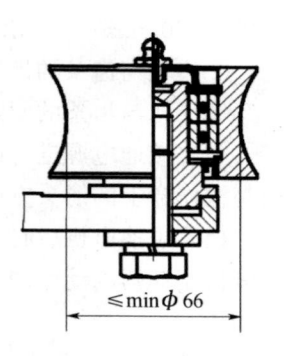

（3）用200N·m力矩拧紧螺栓。

5. 上双滚轮更换

（1）将缓冲弹簧取出，使吊笼停在外笼底盘上，并垫实。

（2）将双滚轮架的紧固螺母拧出，拆下双滚轮。

图6-4　滚轮磨损

（3）安装新的上双滚轮，用300N·m的拧紧力矩紧固。

6. 下双滚轮更换

（1）将缓冲弹簧取出，使吊笼停靠在外笼底盘上，并垫实。

（2）拆下吊笼内传动机构下面的护板，将双滚轮架的紧固螺母拧出，拆下双滚轮。

（3）安装新的双滚轮，但不要将蝶母拧紧。

（4）用300N·m的拧紧力矩紧固螺母；安装吊笼内的护板。

7. 安全器更换

（1）拆下安全器尾端下面的安全罩。

（2）拆下安全器保护开关的电缆接头。

（3）松开紧固螺栓，拆下安全器。

（4）安装新的安全器，确保与安全器底板连接紧密、位置准确。

（5）接上安全器保护开关的电缆。

（6）调整安全器，并进行润滑。

8. 减速器及电机的更换

（1）拆掉电机的电源电缆，将电缆做好标记以便重新安装。

（2）拆下电机或减速机，更换新机后要达到以下要求。

①电机轴与减速机轴上的联轴器：间隙2～2.5mm，端面平

行度<0.05mm，同轴度<0.05；

②齿轮与齿条的齿侧间隙：0.2～0.5mm；

③导轨与齿条的间隙：0.5mm。

（3）接通电源进行试车，确保制动器工作正常，吊笼运行方向与操作盒上的箭头方向一致。

（4）更换电机后必须防止两电机的旋转方向相反，并注意两台电机制动器的动作同步，如发现不同步时，通过调整套使其达到同步。

9. 电机制动器制动块更换

电机制动器的电磁铁芯与衔铁之间的间隙，由具独特功能的间隙自动跟踪调整装置控制，故在一定范围内间隙不受制动块磨损的影响，但当制动块磨损到接近制动盘厚度时，必须更换制动块。电机制动器结构如图 6-5 所示。

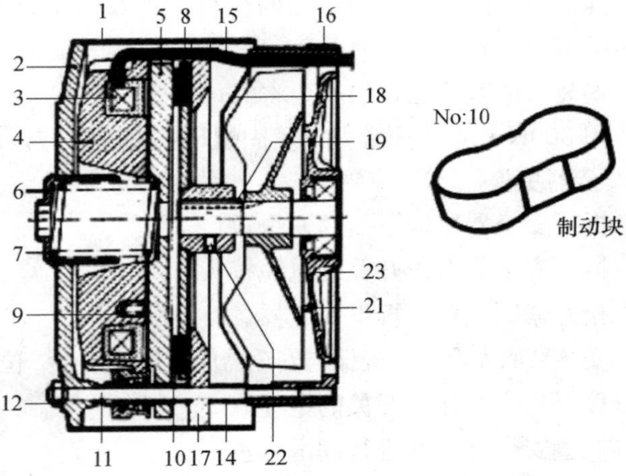

图 6-5　电机制动器结构图

（1）把制动器的罩壳 1 取下。

（2）把调整套 6 的位置测定并记下以便在更换制动块后能保

持原位，但应注意更换制动块后还要对制动力矩进行测定。

（3）将调整套 6 用内六角扳手拆下并将主弹簧 7 取出。

（4）将制动器电源线 15 放松，如有必要，需从电机接线盒中拆下其接头。

（5）拆下四个螺母 12。

（6）拆下后盖 2。

（7）将电磁铁 4 拉出，但不要取下。

（8）拆下旧的制动块 10 并换上一个新制动块。

（9）沿螺栓推回电磁铁 4，使衔铁 5 靠紧新制动块 10。

（10）装上后盖 2，并紧固螺母 12。

（11）装上主弹簧 7 及拧上调整套 6，直至调整套旋至原测点的位置。

（12）将制动器电源线复位。

（13）接通电源，使制动器工作，检查其动作是否正常。

（14）装上罩壳 1。

10. 电机制动盘的更换

参考图 6-5 电机制动器结构图

（1）电机制动盘 8 由铜基石棉材料制成，具有耐高温、耐磨损的特点。

（2）电机制动盘 8 为易损件，当磨损到制动盘表面的石棉材料的厚度接近 0.5mm 时，必须更换制动盘。

（3）如发现固定制动盘 17 和衔铁 5 也有明显的磨损时，应同时更换。更换方法与制动块的更换相似。

第七章　施工升降机故障及事故

第一节　施工升降机常见故障的判断和处置方法

施工升降机常见故障的判断和处置方法见表 7-1。

表 7-1　施工升降机常见故障及处置方法

序号	常见故障	故障分析	处理办法
1	吊笼运行跳动	导轨架对接阶差过大	调整导轨架对接
		齿条螺栓松动，对接阶差过大	紧固齿条螺栓，调整对接阶差
		齿轮磨损严重	更换齿轮
2	吊笼运行不平稳	导向滚轮与背轮间隙过大	调整导向滚轮与背轮间隙
		导向滚轮连接松动	紧固导向滚轮
		减速器轴弯曲	更换减速器轴
		齿条损坏或齿条间过渡不好	检查、更换齿条
		齿条齿轮间隙过大或缺少润滑	调整齿轮、齿条啮合间隙或添加润滑油
3	吊笼启、制动时，动作异常猛烈	电机制动器动作不同步	调整制动器达到同步或清理制动器
		驱动板连接部位松动	拧紧连接螺栓，更换缓冲垫片
		电机制动力矩过大	检查制动力矩并放松至合理值
4	制动器无动作或动作滞后	制动电路出现故障	检查制动电路，排除故障
		制动块磨损超标	更换制动块
		拉手上的螺母拧得太紧	拧松螺母，退至开口销处
		制动器有卡阻	清理、润滑制动器

序号	常见故障	故障分析	处理办法
5	减速器发热严重或有异响	减速器润滑油油量不足	补充润滑油
		蜗轮、蜗杆磨损	检查更换蜗轮、蜗杆
		联轴节损坏	检查、修复联轴节
		轴承损坏	更换轴承
		输出轴弯曲	更换输出轴
6	吊笼启动困难，电机发热严重	电源功率不足，电压降过大	停机，电压正常后继续使用
		制动器动作不正常	检查、修复制动器
		超载	禁止超载
7	滚轮卡阻，异响	轴承损坏	更换轴承并保证润滑
		滚轮磨损超标	更换滚轮
8	钢丝绳磨损严重或有断丝现象	钢丝绳润滑不良	按要求润滑
		天轮工作异常	检查、修复天轮
		使用寿命已到	更换钢丝绳
9	漏电保护开关动作频繁，单极开关跳闸	电器绝缘性不良	检查各电器接地电阻，修理或更换
		电路短路或漏电	检修电路
		动作电流过低	调整动作电流或更换
10	上下限位开关失灵	上下限位开关损坏	更换上下限位开关
		上下限位碰块移位	恢复上下限位碰块位置
11	供电电源及控制电路正常，电机不工作	电缆断股	检修电缆，可靠连接
		电机内一组线圈烧坏	检修电机
12	吊笼墩底	超载	禁止超载
		下限位和极限限位开关不正常	按要求检查各限位，保证使其处于正常工作状态

序号	常见故障	故障分析	处理办法
13	吊笼不能启动	元件损坏或线路开路断路	更换元件或修复线路
		护栏门、天窗、单开门、双开门限位动作不正常	检修护栏门、天窗、单开门、双开门限位
		电锁未打开或急停开关未旋出	打开电锁或旋出急停开关
		相序接错	相序重新连接
		总极限开关动作	手动复位总极限开关
14	吊笼启动困难	设备离电源距离太远，电缆截面过小，造成电压损失过大	缩短电源距离或增加电缆截面面积
		电源质量不行，电压过低或缺相	改善电源质量，防止缺相运行
15	吊笼下滑	超载	减轻载荷
		制动器太松	重新调整制动器
		电压过低	改善电源质量
16	交流接触器易烧毁	供电电源压降太大，启动电流过大	缩短供电电源与施工升降机的距离
			增大供电电缆截面

第二节　施工升降机常见事故原因及处置方法

一、防坠安全器失灵导致事故

防坠安全器是施工中起重要作用的安全保护部件，要依靠它来消除吊笼坠落事故的发生，保证乘员的生命安全。因此，防坠安全器出厂试验是非常严格的，出厂前必须由法定的检验单位对它进行转矩测量、临界转速测量、弹簧压缩量测量，出厂时标定日期并出具测试报告，组装到施工升降机上后进行额定载荷下的坠落试验，工地上使用中的升降机都必须每3个月就要进行一次坠落试验。对出厂2年的防坠安全器（防坠安全器上出厂日期），即使是闲置了 2 年，都必须送到法定的检验单位进行检测试验，测试其安全可靠性能，以后每年检测一次。

二、安全开关失效导致事故

施工升降机的安全开关都是根据安全需要设计的，有围栏门限位开关、吊笼门限位开关、顶门限位开关、极限限位开关、上下限位开关、对重防断绳保护开关等。一些吊笼要装载较长的物品，吊笼内放不下需伸出吊笼外，于是人为取消门限位和顶门限位，结果造成事故。诸如这样为了省一时之事将一些限位开关人为取消，或短接或损坏后不及时修复的工地不在少数。安全限位开关缺失等于取消了这几道安全防线，埋下了事故隐患。施工升降机在上述安全设施不完善或不完好的情况下，照样载人载物，这种违章作业是在拿生命做赌注，为了避免事故发生，使用单位要加强管理，严格要求升降机维护和操作人员定期检查各种安全开关的安全可靠性，对于损坏的及时更换，杜绝事故的发生。

三、齿轮与齿条磨损严重

齿轮与齿条磨损严重，不及时更换导致事故。建筑施工作业环境条件恶劣，水泥、砂浆、尘土不可能消除干净。这一工作状况使齿轮与齿条的啮合精度降低，磨损加大，当磨损到一定尺寸时处于强度临界状态时，必须更换齿轮（或齿条）才能保证安全。采用 25～50mm 公法线千分尺进行测量，当齿轮的公法线长度由 37.1mm 磨损到小于 35.1mm 尺寸时（2 个齿）就必须要更换新齿轮。当齿条磨损后，用齿厚卡尺测量，弦高为 8mm 时齿厚从 12.56mm 磨损到小于 10.6mm 时，齿条一定要更换了，然而工地上很多"老掉牙"的齿轮、齿条的升降机仍然在超期服役使用，为了安全起见，必须更换新配件。

四、频繁作业导致事故

工地上的升降机频繁作业，利用率高，但不得不考虑电机的间断工作制问题，也就是常说的暂载率的问题（有时叫负载持续率）。它的定义是：$FC=$ 负载时间/工作周期时间 $\times 100\%$。其中：工作周期时间＝负载时间＋停机时间。有的工地上施工升降机是租赁公司租来的，产权归租赁公司，使用权通过租赁合同由施工单位占有，施工单位总想充分利用，对电机的暂载率（$FC=40\%$ 或 25%）完全不顾，电机怎么不发热呢？何况这种电机本身就是按间断作业设计的。有的甚至于冒出焦煳味还在使用，这是很不正常的操作使用。如果传动系统润滑不良或运行阻力过大，超载使用，或频繁启动，那就更是小马拉大车了。因此工地上的每个施工升降机司机和相关管理人员都必须明白暂载率的概念，遵从客观规律，按科学规律办事，在此基础上巧妙调度，以发挥设备的最大作用。

五、缓冲器缺失或失效导致事故扩大

施工升降机上的缓冲器是其安全的最后一道防线。第一，必须设置；第二，必须有一定的强度，能承受升降机额定载荷的冲击，且起到缓冲的作用。它的好坏虽然不会诱发事故，但会使事故升级扩大，而现在很多工地，有的虽有设置，但不足以起到缓冲的作用，有的完全没有缓冲器，这是极端错误的，使用单位应注意进行检查，不要轻视这最后一道防线。

六、不设楼层停靠安全防护门导致事故

施工升降机各停靠层应设置停靠安全防护门。很明显如果不按要求设置，在高处等候的施工人员很容易发生意外坠落事故。在设置停靠安全防护门时，应保证安全防护门的高度不小于

1.8m，且层门应有联锁装置，在吊笼未到停层位置，防护门无法打开，以保证作业人员安全。而目前工地上普遍存在着等候施工升降机的人员随时可以打开安全防护门，这是十分危险的，应引起重视。

七、基础围栏不安装联锁装置导致事故

根据规定"基础围栏应装有机械联锁或电气联锁，机械联锁应使吊笼只能位于底部所规定的位置时，基础围栏门才能开启；电气联锁应使防护围栏开启后吊笼停车且不能启动。"有相当多的施工升降机，在吊笼接近围栏门时，吊笼底部压住一根横梁向下运行，通过换向滑轮钢丝绳带动围栏门向上开启，这是不允许的，很容易给围栏外附近的人造成伤害。

八、钢丝绳使用不当导致事故

各部位的钢丝绳绳头应采用可靠连接方式，如浇筑、编织、锻造并采用楔形紧固件，如采用 U 形绳卡不得少于 3 个，绳卡数量和绳卡间距与钢丝绳直径要符合有关标准要求。绳卡的间距不小于钢丝绳直径的 6 倍，绳头距最后一个绳卡的长度不小于140mm，并用细钢丝捆扎。绳卡的滑轮放在钢丝绳工作时受力一侧，U 形螺栓扣在钢丝绳的尾端，不得正反交错设置绳卡，钢丝绳受力前固定绳卡，受力后要再紧固。但很多工地由于安全意识淡薄，采用绳卡固定时，绳卡数量、卡距、绳间设置、尾端长度等随心所欲，不按标准，致使本来只有 $80\% \sim 85\%$ 固接强度的接头打折扣，留下安全隐患，甚至导致事故发生。

九、不按标准设置吊笼顶部控制盒导致事故

规定"吊笼顶部应设有检修或拆装时使用的控制盒，并具有在多种速度的情况下只允许以不高于 0.65m/s 的速度运行。在使

用吊笼顶部控制盒时，其他操作装置均起不到作用。此时吊笼的安全装置仍起保护作用。吊笼顶部控制应采用恒定压力按钮或双稳态开关进行操作，吊笼顶部应安装非自行复位急停开关，任何时候均可切断电路，停止吊笼的动作。"这一条主要针对 SC 型施工升降机，很少企业的产品能同时满足该条的几项规定：包括一些有名的设计单位设计的产品。不满足这几项规定，由于安装、维护人员的误操作，会造成安全事故。有关使用单位对施工升降机进行对照检查，尤其是老产品，如不符合上述规定的应积极采取措施进行改造。

十、不设或短接过压、欠压、错断相保护导致的事故

过压、欠压、错断相保护装置是在当出现电压降、过电压、电气线路出现错相和断相故障时，保护装置动作，施工升降机停止运行。有些工地上施工升降机维修人员，不及时排除引起过（欠）压、错（断）相保护装置动作的故障，而是把保护装置取消或短接，使其不起作用，给设备留下事故隐患。甚至有一些早期产品根本没有该保护装置，建议应予以配备。施工升降机应在过（欠）压、错（断）相保护装置可靠有效的情况下方可载人运物。

第三节　紧急情况处置方法

在施工升降机使用过程中，有时会发生一些紧急情况，此时司机首先要保持镇静，维持好吊笼内乘员的秩序，采取一些合理有效的应急措施，等待维修人员排除故障，尽可能地避免事故、减少损失。

一、施工升降机吊笼内发生火情

当吊笼在运行中突然遇到电气设备或货物燃烧，司机应立即停止施工升降机运行，及时切断电源，并用随机备用的灭火器来灭火。然后，报告有关部门和抢救受伤人员，撤离所有乘员。电源未切断前，应使用干粉、二氧化碳等灭火器；电源切断后，才能使用泡沫等灭火器。

二、SC型施工升降机在运行中突然断电

施工升降机在运行中突然断电，司机应立即关闭吊笼内控制箱的电源开关，切断电源。紧急情况下，可立即拉下极限开关臂杆切断电源，防止突然来电发生意外。然后与地面或楼层上有关人员联系，判明断电原因，按正确方法处置，严禁攀爬导轨架、附墙架、防护栏杆等进入楼层。

（1）短时间停电，可让乘员在吊笼内等待，在来电后合上电源开关，检查正常后启动吊笼。

（2）停电时间较长且在层站上时，应及时撤离乘员，等待来电；若不在层站上，应由专业维修人员进行手动下降到最近层站，撤离人员，下降到地面等待来电。

（3）若因故障造成断电且在层站上时，应及时撤离乘员，等待维修人员检修；若不在层站上，应由专业维修人员进行手动下降到最近层站，撤离人员，下降到地面等待来电。

（4）若因电缆扯断断电，应当关注电缆断头，防止触电。若吊笼停在层站上，应及时撤离乘员，等待维修人员检修；若不在层站上，应由专业维修人员进行手动下降到最近层站，撤离人员，下降到地面等待来电。

三、SC型施工升降机在运行中发生吊笼坠落

施工升降机在运行中发生吊笼坠落事故时，司机应保持镇

静，及时稳定乘员的恐惧心理和情绪。同时告诉乘员，将脚跟提起，使全身质量由脚尖支持。身体下蹲，并将手扶住吊笼或抱住头部，以防吊笼因坠落而发生伤亡事故。如吊笼内载有货物，应将货物扶稳，以防倒下伤人。若安全器动作并把吊笼停在导轨架上，应及时与地面或楼层上有关人员联系，由专业维修人员登机检查原因。

（1）若因货物超载造成坠落，由维修人员对安全器进行复位，然后由司机合上电源，启动吊笼上升约 30～40cm 使安全器完全复位，然后让吊笼停在距离最近的层站上，卸去超载货物后，施工升降机可继续使用。

（2）若因机械故障造成坠落，一时又不能修复，应在采取安全措施的情况下，有组织地向最近楼层撤离乘员，然后交维修人员修理。

（3）在安全器进行机械复位后，一定要启动吊笼上升一段行程使安全器脱挡，进行完全复位，否则马上下降吊笼易发生机械故障；在不能及时修复时，撤离乘员的安全措施必须由工地负责制定和实施。

四、SC 型施工升降机在运行中发生吊笼冲顶

施工升降机使用过程中若发生吊笼冲顶事故，司机一定要镇静应对，防止乘员慌乱而造成更大事故。

（1）在吊笼的上限位开关碰到限位挡铁时，该位置上部导轨架应有 1.8m 安全距离，当发现吊笼越程时，司机应及时按下红色急停按钮，吊笼停止上升；若不起作用吊笼继续上升，则应立即关闭极限开关，切断控制箱电源，使吊笼停止上升。用手动下降方法，使吊笼下降到最近层站，撤离乘员；然后下降到地面站，交由专业维修人员修理。

（2）当吊笼冲击天轮架后停止不动时，司机应及时切断电

源，稳住乘员情绪，与地面或楼层有关人员联系，等候维修人员上机检查；如升降机无重大损坏，可用手动下降方法使吊笼下降，让乘员在最近层站撤离，然后下降到地面站维修。

（3）当吊笼冲顶后，若紧靠安全钩悬挂在导轨架上，此情况最危险。司机和乘员一定要镇静，严禁在吊笼内乱动、乱攀爬。及时向邻近的其他人员发出求救信号，等待救援人员施救。救援过程中一定要先固定住吊笼，然后撤离人员。